河南省台前县
耕地地力评价

◎ 丁传峰　侯会云　丁敬坡　主编

U0353083

中国农业科学技术出版社

图书在版编目（CIP）数据

河南省台前县耕地地力评价／丁传峰，侯会云，丁敬坡主编 .—北京：中国农业科学技术出版社，2017.9

ISBN 978-7-5116-3160-2

Ⅰ.①河… Ⅱ.①丁…②侯…③丁… Ⅲ.①耕作土壤-土壤肥力-土壤调查-台前县②耕作土壤-土壤评价-台前县 Ⅳ.①S159.261.4②S158.2

中国版本图书馆 CIP 数据核字（2017）第 153393 号

责任编辑	白姗姗
责任校对	贾海霞

出 版 者	中国农业科学技术出版社
	北京市中关村南大街 12 号　邮编：100081
电　　话	（010）82106638（编辑室）　　（010）82109702（发行部）
	（010）82109709（读者服务部）
传　　真	（010）82106650
网　　址	http://www.castp.cn
经 销 者	各地新华书店
印 刷 者	北京富泰印刷有限责任公司
开　　本	710 mm×1 000 mm　1/16
印　　张	8.25　彩插　20 面
字　　数	153 千字
版　　次	2017 年 9 月第 1 版　2017 年 9 月第 1 次印刷
定　　价	60.00 元

《河南省台前县耕地地力评价》
编 委 会

前　言

台前县位于河南省东北部，归濮阳市管辖，总土地面积454平方千米，全年农作物播种面积60万亩，农业耕地面积38.5万亩，是一个以粮食生产为主的农业县。

台前县是2008年国家第四批测土配方施肥补贴项目县，按照项目任务要求，2008年7月至2010年10月，在全县采集了6 400个土样分析样品，常规分析化验38 400项次。通过在小麦、玉米等作物上的107次的肥料利用率、校正试验、氮肥试验、丰缺指标试验，初步建立了台前县施肥指标体系，为全面推广普及配方施肥技术奠定了良好的基础。为使台前县土、肥、水资源合理配置、针对性改良利用耕地、推进旱涝保收田建设、测土配方施肥的长效机制建立、耕地质量动态监测与预警体系的创建，利用现代计算机技术，充分挖掘和保护第二次土壤普查的丰硕成果，全面开发测土配方施肥项目的丰富数据，开展耕地地力评价，探讨不同耕地类型的耕地土壤肥力演变与科学施肥规律，为土、肥、水资源配置、科学施肥和加强耕地质量建设提供决策依据。

台前县土肥站技术人员，先后6次参加河南省土壤肥料总站(简称省土肥站)、农业部在郑州、新乡、扬州举办的"耕地地力评价技术培训班"。在省土肥站的统一组织下，台前县农业局启动了耕地地力技术评价工作。本次耕地地力评价完全按照农业部《测土配方施肥技术规范》和《耕地地力评价指南》确定的技术方法和技术路线进行，采用了由农业部、全国农业技术推广服务中心和江苏省扬州市土肥站共同开发的《县域耕地资源管理信息系统4.0》系统平台。通过建立县域耕地管理资源数据库、建立评价指标体系、确定评价单元、建立县域耕地资源管理信息系统、评价指标数据标准化与评价单元赋值、综合评价、撰写报告等一系列技术流程，2011 年 12 月完成了《河南省台前县耕地地力评价》的编写工作。

台前县耕地地力评价工作的开展，取得了较为丰富的成果。

一是建立了台前县耕地资源管理信息系统。该系统以县级行政区域内耕地资源为管理对象，以土地利用现状与土壤类型的结合为管理单元，通过对辖区内耕地资源信息采集、管理、分析和评价，构建了耕地地力评价的系统平台。增加相应技术模型后，不仅能够开展作物适宜性评价、品种适宜性评价，也能够为农民、农业技术人员以及农业决策者合理安排作物布局、科学施肥、节水灌溉、提高灌溉率等农事措施，提供耕地资源信息服务和决策支持。

二是撰写了台前县耕地地力评价报告。通过本次耕地地力评价，将台前县 385 359.8 亩耕地划分为三个等级，一等地面积 118 411.4 亩，占耕地面积的 30.7%；二等地面积 142 417 亩，占耕地面积的 37.0%；三等地面积 117 839.6 亩，占耕地面积的 30.6%；四等地面积 6 691.8 亩，占耕地面积的 1.7%。并针对每一个等级的耕地提出了合理的利用、改良建议，完成了台前县耕地地力评价工作报告、台前县耕地地力评价技术报告和台前县耕地地力评价专题技术报告。

三是对第二次土壤普查形成的成果进行了系统整理。本次耕地地力评价，充分利用和保护第二次土壤普查资料，对土壤图进行数字化，对全县耕地土壤分类系统进行整理，与省土壤分类系统对接。

四是编制了台前县耕地地力分级图、台前县农作物灌溉率分布图、台前县农田排涝规划图、台前县土壤图、耕地土壤有机质、全氮、有效磷、速效钾、缓效钾及微量元素有效锌、锰、铜、铁等养分状态分级专题图件。

五是奠定了基于 GIS 技术提供科学施肥技术咨询、指导和服务的基础。

六是为农业领域内利用 GIS、GPS 等计算机技术，开展县域内农业资源评价、建立农业生产决策支持系统奠定了基础。

编　者

2017 年 6 月

目　　录

第一章 台前县农业生产与自然资源概况

第一节 地理位置与行政区划

一、地理位置

台前县地处华北平原南部的黄河下游，是河南省东北边陲，地理坐标地处北纬 35°50′~36°06′42″，东经 115°39′50″~116°05′28″，东、南分别与山东省东平、梁山、郓城县隔黄河相望；西与范县毗邻；北依金堤与山东省阳谷县接壤。按公路里程，县城东距东平县城 75 千米；西距范县县城 46 千米；南距郓城县城 57 千米；北距阳谷县城 15 千米，距首都北京 518 千米；东南距梁山县城 45 千米；西南距濮阳市 97 千米，距河南省会郑州市 309 千米；东北距山东省聊城市 50 千米；西北距莘县县城 34 千米。台前县版图西宽东窄，呈犀角形。东西坐标长 40.4 千米，南北坐标宽 31 千米，总面积 454 平方千米。

京九铁路过境设站并与汤（阴）台（前）铁路在此交汇。投资 3 000 万元的京九铁路台前县物资转运站年转运能力达 100 万吨。投资 3 亿元的黄河公路大桥正在建设。郑州至台前县吴坝公路与濮鹤高速相连，聊城至菏泽的聊菏公路、德州至商丘的德商公路穿境而过，以郑吴、聊菏、德商公路为骨干的公路交通网已经形成。台前县三面与山东省毗邻，随着国家中部崛起战略的实施和山东省自东向西开发战略的推进，具有良好的发展机遇。同时，作为省级边缘县和国家扶贫开发重点县，台前县享有中西部开发所给予的各种优惠政策。河南行政区划图见附图 1。

二、行政区划

台前县辖：城关镇、侯庙镇、吴坝镇、马楼镇、孙口镇、打渔陈镇、清水河乡、夹河乡、后方乡共 6 个镇、3 个乡，372 个行政村，总土地面积 454 平方千米，其中耕地面积 38.5 万亩（1 亩≈667 平方米，15 亩＝1 公顷。全书同）（附图 2）。

第二节　农业生产与农村经济

一、农村经济情况

台前县是一个以粮食生产为主的农业县，改革开放、土地承包以来，农业生产得到了长足的发展。至 2009 年全县实现农业生产总值达到 57 691 万元，其中农业产值 29 417 万元、林业产值 14 204 万元、牧业产值 25 974 万元、渔业产值 550 万元、农林牧服务业 357 万元。

（一）农民家庭基本情况

农民家庭劳动力人数 3.4 人/户，平均每个劳动力负担人口 1.4 人，经营耕地 4.35 亩/户，平均每个劳动力经营耕地 1.28 亩，人均住房面积 24.5 平方米，人均住房价值 360 元。2008 年新建（购）住房面积人均 6.2 平方米，新建住房价值人均 286 元。

（二）农民家庭总收入

全年农民家庭总收入人均达到 4 780.13 元。其中工资性收入 1 666.35 元，家庭经营收入 2 784.98 元，财产性收入 95.31 元，转移性收入 233.49 元。

（三）农民家庭纯收入及现金支出情况

全年农民家庭纯收入人均达到 3 373.37 元。其中工资性收入 1 666.35 元，家庭经营纯收入 1 391.63 元，财产性纯收入 95.31 元，转移性纯收入 220.08 元。全年家庭现金支出人均 3 481.84 元。其中家庭经营费用支出 1 315.91 元，购买生产性固定资产支出 468.26 元，财产性支出 10.34 元，转移性支出 23.23 元。

二、农业生产现状

随着国民经济的快速发展及国家对农业扶持力度的加大，至目前台前县的农业生产已经进入到了一个新的发展阶段，出现了一些新的特点。

（一）产业结构趋向合理，农林牧瓜果菜协调发展

近几年来，台前县按照战略性结构调整的要求，加大农业结构调整力度，形成了以粮食生产为主线。稳定粮食生产，总产达到 28 万吨，连续七年增产；建成 500 头以上的养殖小区 12 个，新增肉牛存栏 2 万头，出栏家禽 1.13 亿只、生猪 29.5 万头；植树造林 4.5 万亩，已通过林业生态县验收。据县统计局 2010 年统计资料，全年农作物播种面积 62.9 万亩，其中粮食作物播种面积 55.3 万亩，油料 1.8 万亩，蔬菜 3.8 万亩，瓜类 1.1 万亩，果树 0.9 万亩。

全年粮食总产28万余吨，在粮食作物中，小麦总产148 337吨，玉米总产134 016吨，小麦常年播种面积30万亩，玉米25万亩。在种植业获得快速发展的同时，其他产业也得到全面的发展。

（二）区域生产特色初步形成

根据台前县的农业自然资源，全县初步形成了各具特色的5个农业生产区域。

1. 豫北第一万亩无公害大蒜生产基地已具规模

台前县吴坝镇积极调整农业种植结构，大力发展无公害大蒜15 000余亩，面积在逐年攀升，预计两年内发展到20 000余亩。无公害大蒜能大幅度提高经济效益，一般亩产1 500~2 000千克，最高可达2 500千克以上。亩年创效益5 000~8 000元，收入是常规作物的5~8倍。

2. 孙口镇千亩蔬菜大棚发展看好

台前县自1993年开始发展大棚蔬菜生产。孙口镇的王黑、刘桥等村的蔬菜大棚区；打渔陈镇的滕庄、玄桥庄、吕辛庄蔬菜大棚区；清河乡的王集、邵庄蔬菜大棚区等设施农业园区近年已发展成台前县规模最大的蔬菜生产基地。全县大棚数量达到2 000余座，面积4 000余亩，年产量2万吨，总产值4 600万元，年人均纯收入4 000~5 000元。产品远销北京、石家庄、安阳、郑州等地。

3. 粮食生产基地大有开发前景

台前县临近黄河，水利资源丰富，该区土壤以两合土、小两合土、褐土化两合土为主，包括小量的淤土，土壤肥力较高，覆盖全县大部分地区的是粮食生产区，是小麦、玉米粮食作物生产主导区域。常年小麦、玉米播种面积分别为30万亩、25万亩，小麦单产480千克左右，玉米单产500千克左右。

4. 万亩油料生产基地稳步发展

台前县花生油料生产基地主要分布在黄河滩区的3个乡镇，面积1.7万亩。该区所生产的花生果大、果匀、皮白、皮薄、出油率高。由于台前县人均耕地面积小，所以台前县以夏花生为主，大多为麦油种植模式，小麦一般亩产450千克，花生350千克，全年亩产粮油800千克左右。

5. 无公害西瓜生产基地已初具规模

台前县无公害西瓜生产基地主要分布在县域的黄河滩区，涉及4个乡镇的100多个村庄，面积1万余亩。该区所生产的西瓜果大、果匀、皮薄、甜度高。复种指数较高，大多为麦瓜种植模式，小麦一般亩产450千克，亩产西瓜4 000多千克，亩效益6 000元左右。

随着农业结构的不断调整，以及国家各项农产品市场经济的不断发展，农产品质量备受重视，农产品质量标准的颁布实施，广大基层干部和农民的质量意识、市场意识逐步提高，农业生产已经开始从过去的单纯产量型向产量、质量并重型方向发展，优质农产品已经开始走向市场。如吴坝镇的大蒜、马楼镇的西瓜、向荣优质面粉等特色产品，已走出省域，跨出国门。

第三节 农业自然资源条件

一、气候特点

台前县属暖温带半湿润东亚季风区大陆性气候，四季分明，温度适中，光照充足，春旱夏涝交替明显。春季干旱多风沙，夏季炎热雨量大，秋季凉爽多阴雨，冬季干冷少雨雪。以全年计，日照时数值高，热量、降水较丰富，雨热同期，但降水时空分布不均，旱涝灾害频繁。

春季　气温明显回升，降水量逐渐增多。一般年份，4月为春季降水较多月份，平均33.9毫米。5月降水减少，气温回升较快。春季多风，南风盛行，大风多发，4月风速平均4.1米/秒。

夏季　天气炎热，最高气温达41.9℃。季降水量平均为361.3毫米；7月降水量平均为186.3毫米，占全年降水量的32.3%。夏季为全年暴雨集中季节。

秋季　气温逐渐下降，降水量明显减少，为全年少风季节。

冬季　为全年最冷、降水量最少季节。季降水量平均为17.6毫米。

台前县种植结构一般为一年两熟制。主要是冬小麦—夏玉米、冬小麦—夏花生、冬小麦—夏大豆。两季作物需≥10℃积温为4 300~4 500℃，台前县同期≥10℃的有效积温为4 490℃，可满足作物生长需求。

二、日照与地温

据1959—1995年气象资料分析，台前县年日照时数呈减少趋势。3—10月日照充足，月均在201.8小时以上；5月日照时数最多，为269.5小时；2月日照时数最少，为170.3小时；6—9月总日照时数为939小时，月均日照时数在213.7小时以上。台前县日照时数值，为河南省偏高地区，有利于农作物生长。

三、降水

台前县在1959—1995年的37年中，年平均降水量为562.5毫米，年际降水量变幅较大，降水量最多的 1961 年为 944.7 毫米，降水量最少的 1978 年为 330.9 毫米，极差为 613.8 毫米，平均变率为 135.5%，平均相对变率为 23%。降水量季节分布不均匀，是旱涝灾害的主要成因。

四、干湿度

台前县气温在 21℃ 期间的干燥度为 1.317，属半湿润区。全年各月湿度变化：6—7 月是突变阶段，从半干旱到湿润；10 月至次年 6 月，一直是干旱或半干旱期。此期间的湿度对小麦生长发育和春播作物适时播种，均有一定程度的负面影响。

五、积温

据 1959—1995 年气象资料记载，台前县年平均气温为 13.3℃，年际变化不大，最高为 14.2℃，最低为 12.4℃；以月计，1 月气温最低，历年平均为 -2.4℃；7 月气温最高，历年平均为 27.0℃；4—10 月，历年平均在 14.2℃ 以上。

日均温 ≥0℃ 的温暖期，积温为 5 023.2℃，间隔日为 295 天，80% 的保证率在 4 897.2℃ 以上。充足的热量条件，可以满足一般农作物一年二熟或二年三熟的需要。

六、霜期

台前县无霜期，历年平均为 216 天，最长为 268 天，最短 189 天，80% 的年份在 200 天以上。初霜期平均为 10 月 26 日，最早出现在 10 月 9 日，最晚出现在 11 月 7 日，终霜期平均为 3 月 25 日，最早 3 月 21 日，最晚 4 月 19 日。

七、四季划分

四季分明是台前县气候的一个重要特征，台前县地区四季划分通常有两种方法：一是把立春、立夏、立秋、立冬四个节气分别作为春夏秋冬四个季节的开端；二是将夏历的一年 12 个月分成四等份：1、2、3 月为春季，4、5、6 月为夏季，7、8、9 月为秋季，10、11、12 月为冬季。上述两种划分四季的方法，第一个节气立春日总是出现在春节前后，误差不过几天，所以基本是一致的。而且这种划分方法与当地的气候、物候相辅相成，运用得心应手。

八、雾

台前县常有雾的出现，以春、秋两季多见，有大雾、小雾之分。小雾稍纵即逝，大雾整日不清，甚者水平能见度不足 10 米。1959—1995 年，年平均 24 天，最多为 48 天。雾多出现在 1 月、10 月、11 月。

九、洪涝

台前县的洪涝灾害一般发生在 7—9 月。1959—1995 年，台前县发生暴雨 68 次，年均近 2 次，最多年份为 4 次。暴雨灾害相当严重，1990 年 8 月 26—27 日，全县普降暴雨，平均降水量为 61.5 毫米，夹河、吴坝分别为 120 毫米和 170 毫米，部分农作物淹埋，倒塌房屋 699 间，总损失 164 万元。1993 年 8 月 4—5 日，全县普降暴雨，农作物受灾严重。

十、大风

台前县地区常见于 3—5 月，冬夏次之，秋天最少。大风有害于农田高秆作物和林木。

十一、雹灾

雹是强对流云中的一种固态降水物，直径大于 5 毫米的冰块，雹灾是一种严重的自然灾害。境内雹灾一般出现在 3 月下旬到 10 月下旬，常见于 6—7 月，出现时间多为 16~18 时。

十二、旱灾

旱灾是长期无雨或少雨，造成土壤水分严重不足，使作物水分平衡系统遭到破坏或减产的农业气象灾害。台前县古有"十年九旱"之说，常见灾害有春旱、初夏旱、伏旱、秋旱四种。其中以春旱为多，初夏旱次之，伏旱和秋旱较少。据气象资料记载，1959—1995 年的 37 年中，台前县有 35 年出现不同程度的干旱，出现旱灾的年频率为 97%，其中重干旱 18 年。

第四节　水资源条件

一、水资源条件

（一）地表水资源

台前县年平均降水总量 21 826 万立方米，除去下渗、蒸发外，形成地表径流量约为 1 304 万立方米，平均径流深 50 毫米。由于地表径流时空集中，拦蓄工程不够配套，年利用量仅为 260 万立方米，占地表径流总量的 20%，其余，除少量补充地下水外，大部分流入金堤河排出境外。

(二) 地下水资源

台前县地下水主要来源于大气降水的下渗和黄河水的渗漏，但因近几年补给量与开采量的不同，造成全县的埋深不一和地下水位下降。1966 年至 1975 年间，地下水位由 3.8 米降至 7.0 米，后两年则以每年 1 米的速度急剧下降。到 1982 年动水位埋深达 8~10 米，个别地区达到 12 米。

全县水资源可利用总量，平水年为 10 157 万立方米，其中地表径流、过境水、地下水分别占 12.7%、39.5% 和 47.8%。但台前县人口稠密，人均占有水资源 428 立方米，远远低于全国 2 700 立方米的水平，接近河南省 435 立方米的水平。

二、主要水系

(一) 黄河

黄河自清水河乡南入境，于吴坝乡张庄村东北入阳谷县境，流经台前县清水河、马楼、孙口、打渔陈、夹河、吴坝 6 个乡镇，曲折 68.5 千米，年均径流量 431 亿立方米，最大洪峰流量孙口站为 15 900 立方米/秒（1958 年），黄河水含沙量平均为 26.3 千克/立方米，年输沙量平均为 11.3 亿吨。

(二) 金堤河

金堤河源于新乡，流域涉及新乡、延津、封丘、汲县、浚县、长垣、滑县、濮阳、范县、莘县、阳谷、台前县 12 个市县。流域面积 5 047 平方千米，入台前县境最宽处 9.5 千米，一般约 6 千米。金堤河干流起自滑县耿庄，经濮阳、范县境入台前县，流经侯庙、后方、城关、打渔陈、夹河、吴坝 6 个乡镇，由吴坝乡张庄村东北注入黄河。干流总长 158.6 千米，流经台前县境内（含阳谷段）46 千米。

第五节　农业生产简史

台前县历史以来就是以农作物种植为主的产粮大县，垦植率在 90% 以上，以旱作农业为主，主产小麦、玉米、花生、杂粮，是国家重要的粮食生产基地县。勤劳的台前县农民，利用优越的自然条件，在长期的农业生产实践中积累了科学种田，战胜自然灾害的丰富经验，粮食产量由新中国成立初期的亩产 40 多千克，到 1993 年小麦亩产达到 271 千克，秋粮亩产达到 162 千克。农业生产条件由新中国成立初期的靠天收，已发展到现在的保灌面积 30 万亩的人为保证丰产丰收的程度。至 2010 年达到小麦单产 467 千克、玉米单产 475 千克的水平。新中国成立后至今，台前县的农业生产大体上可分为 4 个阶段。

一、第一阶段（1949—1956 年）

为组织农业生产互助组，农业生产合作社的恢复发展阶段。1956 年粮食亩产达到 79 千克，比 1949 年增长 22.8%，其他农作物产量也大幅度增产。

二、第二阶段（1957—1977 年）

1957—1977 年，由于"公社化"的人为因素和连续三年的严重自然灾害，农业生产受到挫折，出现下降现象。1966—1977 年农业生产发展缓慢。

三、第三阶段（1978—1990 年）

农业大发展阶段。党的十一届三中全会以后，随着农村经济体制改革和各项政策的落实，极大地调动了农民的生产积极性，农业生产进入全面发展阶段，农作物产量出现大的突破。1978 年小麦单产 164 千克，玉米单产 130 千克，人均收入仅有 50 元；到 1990 年达到小麦单产 225 千克、玉米单产 165 千克，人均收入 395 元。分别较 1978 年增加 61 千克，35 千克，345 元，增长率分别为 37.2%、26.9%，人均收入是 1978 年的 7.9 倍。

四、第四阶段（1991—2010 年）

继党的十一届三中全会的 1991—2009 年，随着农村经济体制改革和各项惠农政策的落实，农民科技种田的积极性空前高涨，是农村经济进一步巩固和快速发展的阶段。到 2009 年小麦单产已达到 416 千克，是 1960 年的 6.03 倍，1977 年的 3 倍，1990 年的 1.8 倍；2009 年玉米单产 360 千克，是 1960 年的 7.1 倍，1977 年的 2.35 倍，1990 年的 12.18 倍；2009 年人均收入 3 373 元，是 1960 年的 129.7 倍，1977 年的 82.3 倍，1990 年的 8.5 倍。

随着经济体制改革和农村产业结构的调整，在确保粮食稳定增产的前提下，近几年市委、市政府提出了"濮范台扶贫经济开发区""生态示范区规划""经济发展策划方案"，继续实施"以工兴县"战略，做大做强工业经济。在发展农业的同时，抓好工业生产。按照"盘活、壮大、招商、新建"的发展思路，大力发展工业经济。

台前县工业正在掘起，百家亿元企业在此相聚，共绘未来美好蓝图，携手欢歌奔向富裕。人民安居乐业，居民收入逐年提高，农业健康稳定发展，工业在蓬勃兴起，城镇环境不断改善。我们相信，台前县人民在县委、县政府的正确领导下，以"经济发展策划方案"为动力，"以工兴县"为目标，有力推进台前县农业增产、农民增收、城乡经济的快速发展。

第六节　农业上存在的问题

台前县从第二次土壤普查以来，在改良利用土壤方面做了大量工作，取得了显著的效果，但仍然存在阻碍农业生产发展的因素。

一、抗御自然灾害能力薄弱

台前县的自然灾害主要来自气候条件的变化，气候条件基本上左右着台前县的农作物产量，丰、歉年之间产量变化幅度较大。

二、耕地地力出现下降趋势

近20年来，由于农家肥投入数量锐减，单位面积产量大幅上升，土壤肥力消耗过大。目前农业以农户分散经营为主，大型拖拉机拥有量下降，现有大型农机具利用率不高，能够实现深翻的耕地极少，致使耕地土壤犁底层上移，耕作层变浅，降低了土壤保水保肥的性能和抗御自然灾害的能力。

三、农业生态环境依然很脆弱

台前县处在暖温带大陆季风气候区，降水偏少且不均，蒸发量大，地下水储量不足，水资源贫乏，干旱仍然是农业生产发展的重要障碍因素。

四、农业新技术的引进和推广比较缓慢

由于受到经费严重不足等诸多因素的困扰，影响了新技术的引进和推广应用。如培肥地力技术、生物防治病虫草害技术、配方施肥技术、无公害生产技术等，或推广面积不大，或难以持久。

第七节　农业生产施肥

一、历史施用化肥数量、粮食产量的变化趋势

台前县农业生产上推广化肥技术，是从1958年的硫酸氨化肥施用开始，

到 1974 年使用碳酸氢铵、硝铵、尿素等化学肥料 1 927 吨，1978 年到达 13 110 吨，20 世纪 80 年代开始使用磷肥。随着化肥技术的普及，施用量的增加，作物亩产量也相应提高。1952 年前全县小麦平均亩产量 50 千克左右，玉米亩产量 59 千克左右，到 1957 年全县小麦亩产量提高到 65 千克，玉米提高到 99 千克左右。年增产幅度在 8%~10%，到 1975 年小麦亩产量已经达到 155 千克。当时农业科技部门，开始宣传推广施用磷肥，经过几年的试验、示范，磷肥的增产效果明显表现出来。每亩施 30~40 千克磷肥，小麦亩产量达到 150 千克以上，较不施磷肥增产 10% 以上。施用方法主要是作小麦底肥施用，有部分用作玉米、花生追肥。磷肥品种以钙镁磷肥和磷矿粉为主，有部分过磷酸钙。化肥施用量的不同表现出在小麦产量上的明显差异，说明了化肥在农业生产中的增产作用明显。

1995 年，随着氮、磷肥用量增加，小麦亩产量已达到 295 千克，玉米亩产量 195 千克。通过耕地地力监测，发现土壤速效钾含量明显下降，已成为新的制约因素。如台前县土壤速效钾含量已由第二次土壤普查时期时的 146 毫克/千克降到 95 毫克/千克以下。河南省土肥站提出在全省实施"补钾工程"，钾肥的施用受到重视，到 1999 年全县钾肥用量 1 000 多吨，麦播基施钾肥面积在 30 万亩，化肥施用使玉米单产实现 400 千克。

自 2005 年，国家对农业生产的重视及保证粮食安全的需要，各项惠农政策相继出台。农业部、财政部在全国安排测土配方施肥资金补贴试点项目，目的在于促使农业生产施肥更加科学平衡，减少过量施肥，节约资源，保护农业生态环境，优化农产品品质，使农业节本增效，进一步增加农民收入。2008 年台前县被选定为该项目的试点县，通过三年来在项目实施中对测土配方施肥技术的大力宣传推广及相应的配套工作，全县广大农民对测土配方施肥已初步形成较为广泛的社会共识。施肥结构明显改善，配方施肥面积逐年扩大，单一施肥现象明显减少。充分显配方施肥的社会效益和经济效益，在化肥施用方面迈上了更加科学的新台阶。

通过台前县历史化肥用量与粮食产量的对比分析，得出台前县粮食亩产与化肥用量呈正相关，随化肥用量的增加，粮食亩产量相应提高。

二、化肥施用现状

1. 有机肥施用现状

台前县在农业生产方面，历来就有积造施用有机肥的良好习惯。20 世纪 60 年代前，在农闲季节，农民的主要任务就是利用各种作物秸秆、杂草、枯枝败叶、人畜粪尿等原料积造有机肥，重点施用于小麦底肥和部分春作物基肥，每亩用量 2 000 千克左右，全县施用面积 40 万亩以上。70 年代以前农业生产主要靠有机肥来提高作物产量。七八十年代，则是有机肥、化肥兼施阶段。近些年来，农村生产管理发生了变化，青壮劳动力大部分外出务工，农村劳动力缺乏，有机肥施用很少或不施。出现秸秆焚烧现象。有机肥施用主要分布在饲养户和个别劳动力充裕的农户当中，养殖户一般每亩基施 3 000 千克左右，肥料质量很高，土壤有机质含量多在 14 克/千克左右，土壤肥力相对较高；一般农户有机肥施用很少或不施用。

随着大型小麦收割机和秸秆还田机械的推广应用，秸秆还田量逐年增加。全县麦秸、麦糠覆盖，小麦高留茬面积达到 30 万亩，秸秆还田量每亩 400 千克左右，至 2010 年玉米秸秆还田面积 16 万亩，秸秆还田量每亩 600 千克左右。连年的秸秆还田，使土壤有机质得到补充和提高，如土壤有机质含量由 2000 年前后的不足 8 克/千克，上升到现在的 13 克/千克，土壤结构得到改善，肥力逐年在提高，增加了耕地的生产能力。

2. 化肥施用现状

近几年来，台前县农户单一施肥现象逐年减少。大部分农民通过各级农业技术部门，农资经销网点，特别是土肥技术部门对科学施肥，平衡施肥技术的大量宣传，科学施肥意识有了很大提高，选用配方肥、复合肥的多了。但少数农民，还缺乏科学施肥依据，仅靠听广告、看包装、凭经验施肥。虽然能取得较高的作物产量，但却不能获得最佳的产投效益。

三、小麦施肥现状

在小麦施肥方面，全县约有 70% 左右的麦田不施有机肥，80% 左右的麦田玉米秸秆还田。每亩施入尿素 40~50 千克，过磷酸钙 50~60 千克，氧化钾 7.5~10 千克，氮、磷、钾比例为 1：（0.41~0.43）：（0.2~0.22），虽然取得了亩产 400~450 千克的产量，但施肥结构并不合理，存在氮肥和磷肥投入偏高、钾肥投入偏低的情况。在施肥方法上，底施、追施氮肥过量，造成氮肥资源及经济上的浪费，这种施肥方法占农户的 60% 左右，面积达到 24 万亩。另外，还存在两种不合理施肥的情况。一是在相同产量水平下，每亩施尿素 40 千克，过磷酸钙 50 千克，不施钾肥，N：P：K＝1：0.43：0，此种情况农户占到 10%，小麦面积达 3 万亩。二是亩仅底施 50 千克的过磷酸钙，年后补施氮肥（尿素），此种情况农户占到 5%，小麦面积达 1.5 万亩。总之，台前县在小麦施肥方面，表现整体氮肥投入过量，磷肥投入适量偏高，钾肥投入偏少。

四、玉米施肥现状

玉米施肥方面，台前县夏玉米多采用麦垄套种的方法，部分采用麦后抢时直播，没有基肥施入，仅靠追肥为玉米的一生提供养分来保证玉米丰产丰收。有 50% 的农户仅施用氮肥且用量偏多，大多为 23 千克纯氮，施用方法为 1~2 次追施。有 45% 的农户两次施肥，第一次施用复合肥，第二次施用氮肥。有 5% 的农户一次性施用复合肥，每亩用量在 40~45 千克。从整体上看玉米施肥方面，纯氮用量过大，而磷、钾肥的施用较少，难于适应玉米生产的需要。

通过测土配方施肥项目的实施，测土配方施肥技术的大力推广宣传，2008—2010 年的施肥情况逐渐趋于合理，但具体的施肥指标体系还需实践验证，进一步科学合理，以便于指导在生产上应用。

五、其他肥料施用现状

其他肥料主要有微量元素肥料，如喷施宝、磷酸二氢钾、稀土、氨基酸、腐殖酸等，主要用在小麦、玉米、花生、蔬菜、瓜果等作物上叶面喷施，效果都比较明显。

六、大量元素氮、磷、钾比例与利用率

根据 2008—2010 年农户施肥情况调查，在小麦上，氮、磷、钾施肥比例为 $1:(0.35~0.5):(0.12~0.25)$，其肥料利用率为氮 22% 左右、磷 15% 左右、钾 21% 左右；在玉米上，氮、磷、钾施肥比例为 $1:(0.16~0.5):(0.08~0.12)$，其肥料利用率为氮 24% 左右、磷 15% 左右、钾 26% 左右。

七、施肥实践中存在的主要问题

（一）有机肥用量偏少

国家实行土地承包责任制后，随着农村劳动力的大量外出转移，农户在施肥方面重化肥施用，忽视有机肥的投入，人畜粪尿及秸秆沤制大量减少，有机肥和无机肥施用比例严重失调，造成土壤板结、通透性差、保水保肥能力下降。

（二）化肥施用量不合理

通过农户施肥情况调查分析，在小麦生产施肥上有 26% 的农户施肥超量，主要是氮素肥料超量，而钾肥施用量偏少。有 12% 的农户存在施肥不足现象，影响着小麦产量、质量及经济效益的提高。玉米施肥方面，有 50% 的农户仅施用氮素肥料，且用量偏多。复合肥、专用配方肥的施用面积较少，磷、钾的施用量严重不足，难以适应玉米苗期对磷、钾肥的需求，而影响壮苗早发，扩大根系生长的玉米丰产基础，进而影响玉米产量的提高。

化肥施用方法不当，施用方法方面，小麦上主要存在春季追施氮肥过早、

过量的现象，大多在返青期间追肥浇水，多为氮素化肥尿素，使用量多者达到 30~45 千克，容易引起小麦旺长，无效分蘖增加，苗势弱，通风透光条件差，病虫害加重和倒伏现象的发生，造成小麦减产、品质下降的不良后果。玉米施肥上还存在一炮轰、撒施现象，且用量过大，多者亩用尿素 50 千克以上。撒施易造成肥料流失，利用率低，造成资源和经济浪费，难以充分发挥肥料在玉米生产上的增产作用。

第二章 土壤与耕地资源特征

第一节 台前县土壤类型

一、土壤分类系统

台前县第二次土壤普查是按照"河南省第二次土壤普查工作分类暂行方案"，采用土类、亚类、土属、土种四级分类制，其中前三级和全国全省保持一致，土种这一级是按安阳地区土壤普查办公室的标准划分的。台前县土壤都为潮土土类、3个亚类、5个土属、37个土种。详见附图3、表2-1。

表2-1　台前县土壤分类系统表

土类	亚类	土属名称	土　　种		
			依据	名称	代号
半水成土	潮土Ⅱ1	潮土Ⅱ1	淤土Ⅱ1-3		腰壤淤土	Ⅱ1-3-7
				低壤淤土	Ⅱ1-3-9
		盐化潮土Ⅱ4	盐化潮土Ⅱ4-1	以氧化物硫酸盐为主	轻盐砂壤土	Ⅱ4-1-1
				轻盐两合土	Ⅱ4-1-24
				轻盐体砂两合土	Ⅱ4-1-26
				轻盐底砂两合土	Ⅱ4-1-27
				轻盐腰黏两合土	Ⅱ4-1-36
				轻盐夹砂两合土	Ⅱ4-1-100
				轻盐小两合土	Ⅱ4-1-72
				中盐砂壤土	Ⅱ4-1-70
				中盐夹砂小两合土	Ⅱ4-1-89
		湿潮土Ⅱ6	湿潮土Ⅱ6-1	季地积下水水高	壤质湿潮土	Ⅱ6-1-2
				黏质湿潮土	Ⅱ6-1-3
		潮土Ⅱ1	两合土Ⅱ1-2	表层为壤质冲击物	两合土	Ⅱ1-2-8
				体砂两合土	Ⅱ1-2-10
				底砂两合土	Ⅱ1-2-11
				底黏两合土	Ⅱ1-2-12
				体黏两合土	Ⅱ1-2-13
				腰黏两合土	Ⅱ1-2-14
				夹黏两合土	Ⅱ1-2-15
			淤土Ⅱ1-3	表层为黏质冲击物	淤土	Ⅱ1-3-1
				体砂淤土	Ⅱ1-3-4
				体壤淤土	Ⅱ1-3-5
				底砂淤土	Ⅱ1-3-6
				夹壤淤土	Ⅱ1-3-10

续表

| 土类 | 亚类 | 土属名称 | 土　种 | | |
			依据	名称	代号
半水成土	潮土Ⅱ	潮土Ⅱ1	砂土 Ⅱ1-1	表层为砂质冲积物	细砂土	Ⅱ1-1-2
					砂壤土	Ⅱ1-1-3
					腰砂壤土	Ⅱ1-1-6
					夹黏砂壤土	Ⅱ1-1-12
					腰黏砂壤土	Ⅱ1-1-14
					体黏砂壤土	Ⅱ1-1-16
					底黏砂壤土	Ⅱ1-1-18
	潮土Ⅱ	两合土 Ⅱ1-2	表层为壤质冲积物	小两合土	Ⅱ1-2-1
				腰黏小两合土	Ⅱ1-2-3
				体砂小两合土	Ⅱ1-2-4
				体黏小两合土	Ⅱ1-2-5
				底黏小两合土	Ⅱ1-2-7

二、与省土种对接后的土壤类型

根据农业部和省土肥站的要求，将县土种与省土种进行对接，对接后台前县土壤都为潮土土类、4个亚类、7个土属、27个土种，对接后土壤类型情况（附图4、表2-2）。

三、土类的主要性状及生产性能

台前县潮土发育在近代河流冲积物上，它的各种形态与成土母质密切相关。其在各种自然条件和人为因素的综合影响下，在发生发展与演化过程中，又产生了新的属性。其特点如下。

（1）质地层次及其排列组合比较明显。有的通体比较均一，有的则黏土层、壤土层、砂土层相间排列。

（2）发生层次不明显，但也具有与成土过程相联系的土壤属性。

（3）在剖面不同深度都有红棕色的铁锈斑纹，有的有石灰质假菌丝体。

（4）大部分土壤富含碳酸钙、石灰反应强。

（5）同一层次的土壤颜色、质地、结构基本一致，而不同质地层次差异较大。

（6）土壤有机质含量低，且氮、磷、钾不协调，钾钙等元素含量丰富。

四、台前县土壤主要亚类及土属

（一）亚类

主要有典型潮土、盐化潮土、湿潮土、碱化潮土4个亚类。

表2-2 台前县对接土种名称对照表

县土类	县亚类	县土属	县土种	省土类名称	省亚类名称	省土属名称	省土种名称	县土壤代码	省土种代码	质地构型
潮土	黄潮土	淤土	底壤淤土	潮土	典型潮土	石灰性潮黏土	底砂淤土	II1-3-9	23011625	壤底重壤
潮土	黄潮土	两合土	底砂两合土	潮土	典型潮土	石灰性潮壤土	底砂两合土	II1-2-11	23011543	砂底中壤
潮土	黄潮土	淤土	底砂淤土	潮土	典型潮土	石灰性潮黏土	底砂淤土	II1-3-6	23011628	砂底重壤
潮土	黄潮土	两合土	底砂两合土	潮土	典型潮土	石灰性潮壤土	底砂两合土	III1-2-12	23011544	砂底中壤
潮土	黄潮土	砂土	底黏两合土	潮土	典型潮土	石灰性潮砂土	底黏砂壤土	III1-1-18	23011426	黏底砂壤
潮土	黄潮土	两合土	底黏小两合土	潮土	典型潮土	石灰性潮壤土	底黏小两合土	II1-2-7	23011545	黏底轻壤
潮土	黄潮土	砂土	夹黏砂壤土	潮土	典型潮土	石灰性潮砂土	浅黏砂质潮土	II1-1-12	23011437	黏底砂壤
潮土	黄潮土	两合土	两合土	潮土	典型潮土	石灰性潮壤土	两合土	II1-2-8	23011539	均质中壤
潮土	盐化潮土	砂土	轻盐夹砂两合土	潮土	碱化潮土	氯化物弱碱化潮土	氯化物弱碱盐化潮土	II4-1-100	23071219	夹砂中壤
潮土	盐化潮土	盐化潮土	轻盐两合土	潮土	碱化潮土	氯化物壤土	硫酸盐中碱化潮土	II4-1-24	23071221	均质中壤
潮土	盐化潮土	盐化潮土	轻盐砂壤土	潮土	盐化潮土	氯化物潮土	氯化物轻盐化潮土	II4-1-1	23061122	均质砂壤
潮土	盐化潮土	盐化潮土	轻盐小两合土	潮土	碱化潮土	氯化物壤土	氯化物弱碱化潮土	II4-1-72	23071219	均质轻壤
潮土	盐化潮土	盐化潮土	轻盐腰黏两合土	潮土	碱化潮土	氯化物壤土	硫酸盐中碱化潮土	II4-1-36	23071221	夹黏中壤
潮土	黄潮土	砂土	砂壤土	潮土	典型潮土	石灰性潮砂土	砂壤土	II1-1-3	23011427	均质砂壤
潮土	黄潮土	淤土	体壤淤土	潮土	典型潮土	石灰性潮黏土	浅位壤厚壤淤土	II1-3-5	23011630	壤身重壤
潮土	黄潮土	两合土	体砂小两合土	潮土	典型潮土	石灰性潮壤土	浅位砂两合土	II1-2-10	23011541	砂身中壤
潮土	黄潮土	淤土	体砂淤土	潮土	典型潮土	石灰性潮黏土	浅位厚砂小两合土	II1-2-4	23011547	砂身轻壤
潮土	黄潮土	两合土	体砂两合土	潮土	典型潮土	石灰性潮壤土	浅位厚砂两合土	II1-3-4	23011622	砂身中壤
潮土	黄潮土	砂土	体砂砂壤土	潮土	典型潮土	石灰性潮砂土	浅位厚黏两合土	II1-2-13	23011559	黏身中壤
潮土	黄潮土	两合土	小两合土	潮土	典型潮土	石灰性潮壤土	浅位黏砂质潮土	II1-1-16	23011437	黏身重壤
潮土	黄潮土	砂土	腰壤砂土	潮土	典型潮土	石灰性潮砂土	小两合土	II1-2-1	23011557	均质重壤
潮土	黄潮土	淤土	腰壤淤土	潮土	典型潮土	石灰性潮黏土	浅位黏砂质潮土	II1-1-6	23011435	夹壤中壤
潮土	黄潮土	两合土	腰黏两合土	潮土	典型潮土	石灰性潮壤土	浅位黏砂质潮土	II1-3-7	23011629	夹黏中壤
潮土	黄潮土	砂土	腰黏砂壤土	潮土	典型潮土	石灰性潮砂土	浅位黏砂质潮土	II1-2-14	23011546	夹黏砂壤
潮土	黄潮土	两合土	腰黏小两合土	潮土	典型潮土	石灰性潮壤土	浅位黏砂小两合土	II1-1-14	23011437	夹黏轻壤
潮土	黄潮土	淤土	淤土	潮土	典型潮土	石灰性潮黏土	淤土	II1-2-3	23011547	均质重壤
潮土	湿潮土	湿潮土	黏质湿潮土	潮土	湿潮土	湿潮黏土	黏质冲积湿潮土	II6-1-3	23041313	均质重壤
潮土	盐化潮土	盐化潮土	中盐夹砂小两合土	潮土	碱化潮土	氯化物弱碱化潮土	氯化物弱碱盐化潮土	II4-1-89	23071219	夹砂轻壤

1. 典型潮土亚类

潮土类土壤中的典型亚类，剖面构型为耕作层—犁底层—氧化还原层。

耕作层也称活土层或腐殖质层，厚度一般为 20 厘米，土质松散，孔隙度较大，有机质和作物养分含量较多，结构良好，微生物活动活跃，水肥气热比较协调。

犁底层是长年耕作形成的比较紧实的土层，由于耕作深度不稳定，此层较薄，一般 10 厘米，对托水保肥有一定作用，但影响根系下扎。氧化还原层在 30~80 厘米，是受土壤水分升降变化而引起氧化还原作用交替的层次，此层水分对抗旱保墒具有良好作用。母质的沉积层次比较明显，并往往由于质地不同影响土壤水分的运动而具有不同的肥力特征。

潜育层一般出现在 1 米以下，土壤水分过多，呈还原状态，性状不良，台前县黄潮土亚类分石灰性潮砂土、石灰性潮壤土、石灰性潮黏土 3 个土属。

2. 盐化潮土亚类

盐化潮土亚类在氧化还原主导成土过程基础上又附加有盐化过程，其发生层次可分为：积盐层—犁底层—氧化还原层—潜育层。

发生层次特征：积盐层也是耕层，个别地块有盐霜或结皮，由于地下水位浅，盐化还原层一般出现在 30~60 厘米，潜育层出现在 60 厘米以下，是蓝灰色的土层。

台前县氯化物盐化潮土均属盐化潮土土属。

3. 湿潮土亚类

湿潮土亚类土壤有季节性积水，1 米土体内出现"青泥层"。面积 756.30 亩，占 0.18%，分黏质湿潮土及壤层湿潮土两种，主要分布在马楼、孙口两乡的背河洼地，一时难为农民利用，可种植水生植物或淤灌抬高。

4. 碱化潮土亚类

地下水位较高，排水不易，土壤湿冷，有季节性积水和盐分为害。

(二) 土属

主要有石灰性潮砂土、石灰性潮壤土、石灰性潮黏土、盐化潮土、湿潮土 5 个土属（表2-3）。

表2-3 台前县各类土属面积统计表

土类	亚类	土属	面积（亩）	占总面积比例（%）	占总面积比例（%）
潮土	典型潮土	石灰性潮壤土	200 386.82	52.17	
		石灰性潮黏土	115 730.54	30.09	97.79
		石灰性潮砂土	59 732.84	15.53	
	碱化潮土	碱潮壤土	5 495.24	1.43	1.43
	盐化潮土	氯化物潮土	2 425.39	0.63	0.63
	湿潮土	湿潮壤土	35.29	0.01	
		湿潮黏土	537.24	0.14	0.15

第二节 台前县土属分布概况

一、石灰性潮砂土土属面积与分布

石灰性潮砂土土属表层为沙质冲积物，主要分布在堤防决口的主流区及河滩近河心地带，面积共59 732.84亩，占全县土壤总面积的15.54%，共有5个土种。

（1）砂质潮土。面积9 277.4亩，主要分布在清水河乡，占全县土壤总面积的2.41%。

（2）砂壤土。面积37 403.71亩，占9.73%，主要分布在清水河、马楼、孙口、打渔陈、夹河、吴坝各乡镇滩区。

（3）浅位壤砂质潮土。分布在马楼乡，面积1 457.17亩，占0.38%。

（4）浅位黏砂质潮土。分布在马楼乡，面积共6 259.48亩，占1.64%。

（5）底黏砂壤土。面积5 299.02亩，占全县土壤总面积的1.38%，主要分布在后方、清水河两乡，马楼、侯庙也有少量分布。

生产性能：土质疏松，宜耕期长，耕作阻力小，土壤中以大孔隙为主，沙粒为主，通透性强，有机质易分解，保肥性能差，养分含量低，排水快，保水性差，易遭干旱，结构性差多以单状状态存在，春季有风沙为害，土温上升快，发小苗不发大苗，后期作物脱肥脱水严重。在利用上应大力植树造林，实行农林间作，种植耐旱耐瘠，需疏松通气的薯类、豆科作物。还有壤黏土层的沙土，由于壤黏土层具有托肥保水的作用，因此肥力较高，但对于夹层较薄及出现部位较深者主要表现沙土的性质。在利用上可进行翻淤压沙，进行质地改良。

二、石灰性潮壤土土属面积与分布

石灰性潮壤土土属表层质地为中轻壤，全县有 11 个土种，面积共计 200 386.82 亩，占全县土壤总面积的 52.14%，据表层质地和土体构型可分为 8 种类型。

（1）小两合土。表层质地轻壤，耕层以下有时出现中壤或沙壤质地层，面积为 127 274.08 亩，占 33.11%，是全县所有土种中面积最大的土种类型，主要分布乡镇有侯庙、夹河、清水河、马楼、打渔陈、吴坝，面积都在 1 万亩以上，其中侯庙镇最多达 4 万多亩。

（2）两合土。表层质地中壤，面积为 22 522.27 亩，占 5.86%，以马楼镇、吴坝镇面积最大，夹河乡、孙口镇也有分布。

（3）浅位砂小两合。表层质地为轻壤，表层以下质地为细砂，面积 15 151.911 亩，占 3.94%，主要分布在夹河乡、打渔陈镇。

（4）浅位厚砂小两合土。面积为 8 204.38 亩，占 2.13%，主要分布在夹河乡。

（5）浅位厚黏两合土。面积为 12 177.79 亩，主要分布在侯庙、吴坝两镇。

（6）底沙两合土。面积计 5 179.34 亩，占 1.35%，主要分布在打渔陈、侯庙两镇。

（7）底黏两合土和浅位黏两合土。面积分别计 5 882.45 亩、482.0 亩，各占 1.53%、0.13%，前者主要分布在后方乡、侯庙镇、马楼镇，后者主要分布在后方乡、城关镇。

（8）带有黏土层的小两合土。包括底黏小两合土、浅位黏小两合土、浅位厚黏小两合土 3 个土种，面积为 3 572.61 亩，占 0.91%，其中以浅位黏小两合土面积最大，主要分布在马楼镇、后方乡。

生产性能：质地适中，易于耕作，适耕期长，耕作质量好，通气透水良好，大小孔隙协调，耐旱耐涝，供肥保肥性质都较好，是水肥气土比较协调的土壤，适种作物广泛。

在两合土属各种类型中，小两合土通气透水性好，雨水多时不渍水，干旱时有夜潮现象，施肥易见效，但肥效不长，一次施肥不宜过多，作物生长后期易早衰。两合土保土保肥性好，有后劲，不早衰，蒙金性两合土（上砂下黏），上层耕性良好，下层质地较重，保水保肥，对水肥气土的协调能力最强，前发性及后发性都好，是肥力最高的类型。

三、石灰性潮黏土土属面积与分布

石灰性潮黏土土属表层质地重壤以上，面积 115 730.53 亩，占 30.11%，包括 6 个土种，可分为 3 种类型。

（1）淤土。表层质地重壤以上，面积共 72 027.73 亩，占 18.74%，以后方乡、孙口镇、城关镇面积最大，打渔陈镇、夹河乡、吴坝镇、马楼镇也有分布。

（2）漏沙型淤土。包括浅位厚砂淤土、底砂淤土两种，面积 19 400.04 亩，占 5.05%，主要分布在打渔陈镇。

（3）壤淤土。包括浅位厚壤淤土、底壤淤土和浅位壤淤土三种，面积为 24 302.76 亩，占 6.32%，其中以底壤淤土、浅位壤淤土面积最大，主要分布在马楼镇。

石灰性潮黏土土属的有机质含量、全氮含量代换量、黏粒含量，在全县潮土亚类中是最高的，全磷含量略高于两合土属，pH 值最低。

生产性能：土质黏重，耕性不良，湿时沾犁，干时紧硬，耕作阻力大，宜耕性短，土粒间多为毛管空隙，通气透水性能差，不再耐旱涝，但有机质易积累，营养含量丰富，保水保肥性能强，适种小麦、玉米等粮食作物，漏沙性淤土可翻沙压淤，进行质地改良。

四、氯化物潮土土属面积与分布

全县氯化物潮土面积为 2 425.39 亩，占 0.31%，土种主要为轻盐化潮土，主要分布在孙口镇、后方乡、马楼镇、侯庙镇的背河洼地，打渔陈镇、夹河乡也有少量分布。

氯化物潮土土属的生产性能：盐化潮土由于大量盐分的积聚，严重影响作物的生长发育，轻者缺苗断垄，重则成片无苗，由于地势低洼，土壤湿冷，是种植一般旱作物的低产土壤，利用上可灌淤稻改或抗盐作物棉花等。

五、碱潮黏土土属面积与分布

碱潮黏土土属面积为 5 495.24 亩，占 1.75%，分硫酸盐中碱化潮土、氯化物弱碱化潮土、硫酸盐弱碱化潮土 3 个土种。主要分布在孙口镇、后方乡、马楼镇、侯庙镇的背河洼地，地下水位较高，排水不易，土壤湿冷，有季节性积水和积盐为害。

六、湿潮土土属面积与分布

湿潮土土属面积 571.530 亩，占 0.15%，分湿潮冲积潮土及湿潮黏土两种，主要分布在马楼、孙口两镇的背河洼地，土壤有季节性积水，1 米土体内出现"青泥层"。一时难为农民利用，可种植水生植物或淤灌抬高。

详见表 2-4、表 2-5、表 2-6。

表 2 - 4　台前县各类土种面积统计表

单位：亩

土种	全县	比例(%)	侯庙	清水河	马楼	后方	孙口	城关	打渔陈	夹河	吴坝
合计	385 359.80	100.00	56 455.02	42 749.76	71 074.67	36 598.13	23 268.47	17 219.28	62 300.35	36 864.64	37 425.51
占全县%			14.70	11.13	18.51	9.53	6.06	4.48	16.23	9.60	
壤质冲积湿潮土	35.29	0.01					35.29				
黏质冲积湿潮土	559.36	0.15			366.73		192.63				
硫酸盐中碱化潮土	808.38	0.21			78.01	612.23			118.13		
氯化物弱碱化潮土	3 491.16	0.91	2 035.97	54.95		720.97	269.82			679.26	
氯化物轻盐化潮土	2 425.39	0.63				2 155.56					
硫酸盐弱碱化潮土	1 195.70	0.31				1 195.70					
两合土	22 522.26	5.87	230.05	746.72	9 460.66		1 175.51		1 385.58	2 557.82	6 965.92
浅位砂两合土	15 151.90	3.95	2 470.53	1 258.38			702.30		10 191.93	528.76	
浅位厚砂小两合土	8 204.37	2.14							2 155.60	6 048.77	

表 2 - 5　台前县各类土种面积统计表

单位：亩

土种	全县	比例(%)	侯庙	清水河	马楼	后方	孙口	城关	打渔陈	夹河	吴坝
浅位厚黏两合土	12 177.78	3.17	567.36		61.19	5 874.09	1 655.67	1 148.93			2 870.54
浅位厚黏小两合土	1 179.73	0.31	1 179.73								
小两合土	127 274.02	33.15	41 337.03	13 658.80	17 705.92	725.89			16 107.53	20 182.86	17 555.99
底砂两合土	5 179.33	1.35							5 179.33		
底黏两合土	5 882.45	1.53	4 243.10	106.50	700.29	772.18	60.39				
底黏小两合土	572.01	0.15					572.01				
浅位黏两合土	482.00	0.13				482.00					
浅位黏壤两合土	1 760.87	0.46	184.99	970.96	354.95			249.97			
浅位厚壤壤淤土	14 496.17	3.78	416.15	1 756.03	12 323.99						
浅位厚砂壤淤土	7 453.53	1.94	253.29	4 269.86	791.42				2 138.96		

单位：亩

表 2－6 台前县各类土种面积统计表

土种	全县	比例(%)	侯庙	清水河	马楼	后方	孙口	城关	打渔陈	夹河	吴坝
底壤黏淤土	3 259.33	0.85		32.22	2 618.44			608.67			
底砂黏淤土	11 946.50	3.11			56.98	48.01	1 109.91	299.64	10 431.97		
淤土	72 027.69	18.76			6 470.02	21 940.32	14 842.95	14 912.06	7 427.59	4 163.07	2 271.69
浅位壤黏淤土	6 234.22	1.62			5 676.22	122.16			435.84		
浅位黏砂质潮土	6 295.47	1.64	203.86	396.26	5 409.21		286.14				
底黏砂壤土	5 299.02	1.38	1 588.17	1 787.92		1 922.93					
砂壤土	37 403.69	9.74	1 506.75	10 815.31	5 496.34	26.08	2 365.86		6 727.90	2 704.09	7 761.37
砂质潮土	9 181.02	2.39	238.01	6 823.89	2 119.12						
浅位壤砂质潮土	636.12	0.17			636.12						
浅位黏砂质潮土	821.05	0.21		71.98	749.07						

第三节　耕地立地条件

一、地形地貌

台前县境属黄河冲积平原，地势随黄河流向，由西南向东北自然倾斜，平均坡降为1/8 000。海拔最高处48.8米，最低处39.3米。黄河沿县境南部，由西南向东北曲折68.5千米；金堤河沿县境北部，由西向东横贯46千米，汇流入黄河。由于历史上黄河频繁泛滥，造成了河床高、地面低和滩区高而易旱、内地低而易涝的地势。临黄堤、金堤和金堤河把全县分割为黄河滩区、背河洼地和黄泛平原三大部分，形成了高低分明、各具有特色的四大地貌类型。

1. 金堤河下游沙岗区

1949年，黄河于打渔陈区枣包楼村决口，金堤河下游形成地势较高的沙岗区，包括吴坝、夹河两乡大部和打渔陈乡东部，约占全县总面积的31%，该区南高北低，东北部形成低洼积水三角地带，南北高差约3米。

2. 金堤河下游平坡区

该区位于县境西部和中部，包括侯庙、后方、孙口3乡镇大部，打渔陈镇西部和城关镇，约占全县总面积的33%。全区地势较平坦，西高东低，东西高差2米，土质为西沙东淤，中间不规则分布少量沙土，北部边缘为金堤河斜坡地。

3. 背河洼地

沿临黄堤北，西起清水河乡丰刘程村，东至打渔陈镇枣梨河村，北至侯庙镇兰赵支渠，宽1~2千米，呈带状，主要包括侯庙、后方、孙口、打渔陈4乡镇南部和马楼镇北部少数村、清水河乡极少部分，约占全县总面积的7%。该区地势低洼，由西南向东稍呈漫坡，受黄河侧渗严重，多盐碱，易旱涝。

4. 黄河滩区

临黄堤以南，由于黄河屡次泛滥，地势高而不平，一般高于背河洼地1~2米，最高处高于县城8米。包括清水河、马楼2乡镇绝大部分，孙口、打渔陈、夹河、吴坝4乡镇各一部分和侯庙、后方2乡镇极少部分，约占全县总面积的29%。该区地势极其复杂，总体上是南高北低，西高东低，南沙北淤，东西间各类土质无序分布。

二、土壤质地

台前县土壤质地共有粗砂土、紧砂土、轻黏土、轻壤土、砂壤土、松砂土、中黏土、重黏土、中壤土、重壤土 10 种。紧砂土：耕地面积 5.9 万亩，占全县耕地面积的 15.5%，主要分布在清水河乡、夹河乡、打渔陈镇东部一带，面积最大的是清水河乡，占紧砂土总面积的 30%。

轻—中壤土：耕地面积 20 万亩，占全县耕地面积的 52.17%，台前县 9 个乡镇均有分布。面积较大的有侯庙、马楼、吴坝、打渔陈 4 个乡镇。

重壤土：耕地面积 11.5 万亩，占全县耕地面积的 30.1%，分布在台前县城关镇、后方乡、马楼 3 个乡镇。

三、土壤质地构型

台前县共有夹黏重壤、夹黏轻壤、夹黏中壤、均质轻壤、均质砂壤、均质砂土、均质中壤、壤底黏土、壤身砂壤、砂底黏土、砂底中壤、体砂重壤、黏底轻壤、黏底中壤、黏身轻壤和黏身中壤、黏底中壤等 26 种质地构型，其中均质轻—中壤在台前县面积较大，占耕地总面积的 52.17%，其次是黏身中壤、黏底轻壤、均质砂壤和黏身轻壤，共占耕地总面积的 45.6%。详情见附图 5。

四、成土母质

（一）母质的成因及性质

台前县的土壤成土母质是河流冲积物，由黄河自黄土高原所带来的黄土形成，绝大部分颗粒较小，土壤疏松，富含碳酸钙，石灰反应强烈，土壤溶液呈微碱性反应。

（二）母质的地带性分布

河流冲积物分选性强，所以在水平分布上有它独自的特点，不同的地形部位沉积着不同的矿物质颗粒，颗粒越大沉积越快。在河床和主流区因流速大，沉积的矿质颗粒较粗，多为细沙，在河漫滩和漫流区，因流速小沉积的矿质颗粒较小，多为壤质土，而在静水区和回流区，沉积的矿质颗粒细小，多为黏质土。在它们中间都有过渡带存在，分布着带状土属类型。

（三）母质的排列层次

台前县所处的冲积平原，河流冲积物沉积的年代久远，几千年来台前县境内黄河在不同时间、不同地点决口泛滥、不同地域其泛滥次数、行水时间不同，不同决口地点，泛滥范围不同。每一次泛滥都以它水平分布的规律在不同的流速区沉积不同的矿质颗粒。这就形成了成土母质垂直分布上的明显差异，砂、黏相同，层次明显。

第四节 耕地保养管理的简要回顾

一、发展灌溉事业

由于受气候干旱条件的制约，台前县自 1955 年前后，就开始重视农田灌溉事业的发展，从土井、旱井到砖泉井，从辘轳到水车的简单担水灌溉发展到 70 年代开始打机井，机器、水泵配套，进行了一次大的飞跃。先后建成甘草、王集、影唐 3 处引黄工程。从 80 年代末开始，逐步开始农用电建设和潜水泵配套，到目前已发展成为保灌型灌溉农业。随着灌溉农业的发展，土地逐步得到平整，建成了以畦灌形式为主的节水灌溉型旱涝保收基本农田网。

二、耕作制度改革

自 1958 年大跃进时代开始掀起了深翻土地高潮，耕作犁具也由原来的老式犁、人工翻，推广普及为新式步犁，使耕作层逐步加深。90 年代又开始逐步普及了机械耕作，使传统的精耕细作农业得以发展提高。

三、盐碱地的有效治理

在 1958 年大搞引黄工程时，由于片面强调自留灌溉，加高了灌溉渠道，打乱了自然流失，新修渠道渗漏严重排水系统尚不完善，引起地下水位上扬，盐随水而来，地表积盐，发生大面积次生盐渍化。到 1959 年全县有轻重不等的盐碱地 4.0 万亩，1962 年发展到 6.5 万亩，全县有 6.5 万亩的耕地成了不毛之地。枯水区更为严重，地表聚集了一层白盐，发展到了种不保出、出不保收的恶性局面，由于地下水位下降和水利条件的改善，盐随水上升能力减弱，耕作层盐分降低，使农作物适宜性增强，原来的不毛之地变成了万亩良田。

四、黄河滩区沙化治理

县城南部黄河滩区，受季风气候的影响，冬春干旱季节在风力的作用下，表层沙粒随风飘移，逐步形成了沙丘、沙垄。在人工植树造林的作用下变为固定半固定沙丘，难以耕作利用。土地平整项目实施后，开始对沙丘、沙垄进行平整，从人工搬运到大型机械推平，截至目前已基本平整，形成了易林则林、易果则果、易菜则菜的林地和菜地，耕地资源得到充分开发利用。

五、培肥地力、平衡土壤养分

1983 年开始对全县范围进行了第二次土壤普查，查清了各土壤类型及其分布。分析了理化性状，找出了农业生产的土壤有机质含量低，土壤缺磷、缺钾，土壤养分不平衡等限制农业发展的因素。提出了大力推广秸秆还田，增施有机肥、配方施肥技术，使农田基本肥力得到提高，土壤养分逐步得以平衡，加上基本农田保护政策的保护作用，使大部分农田得以培肥利用，变为高产粮田，保证了台前县农业生产的稳步健康发展。

第三章　耕地土壤养分

台前县 2008—2010 年对全县耕地有机质、大量元素、微量元素以及土壤物理属性进行了调查分析，充分了解了各个营养元素的含量状况及不同含量级别的面积分布，不同土壤类型、质地各个耕地土壤属性的现状，获取了大量的调查数据，为平衡施肥创造了条件。

第一节　有机质

土壤有机质是土壤的重要组成成分，与土壤的发生、演变，土壤肥力水平和许多土壤的其他属性有密切的关系。土壤有机质含有作物生长所需的多种营养元素，分解后可直接为作物生长提供营养；有机质具有改善土壤理化性状，影响土壤结构形成及通气性、渗透性、缓冲性、交换性能和保水保肥性能，是评价耕地地力的重要指标。对耕作土壤来说，培肥的中心环节就是增施各种有机肥，实行秸秆还田，保持和提高土壤有机质含量。

1. 耕层土壤有机质含量

本次耕地地力调查共化验分析耕层土样 5 823 个，平均含量为 13.095 克/千克，变化范围 2.5~27.4 克/千克，标准差 3.862，变异系数 29.5%。比 1985 年第二次土壤普查平均含量 7.998 克/千克，增加了 5.097 克/千克。土壤有机质的积累与矿化是土壤与生态环境之间物质和能量循环的一个重要环节。台前县属暖温带半湿润大陆性季风气候，气候温和，四季分明，干湿交替明显，夏季湿热，冬季干冷，其气候条件有利于有机质分解，致使土壤有机质含量偏低。

2. 不同土壤类型有机质含量

利用不同土种类型土壤有机质含量的差异是人们社会活动对土壤影响的集中体现。不同土属，有机质含量有较大差异。台前县有机质含量较低的土属是砂土，和有机质含量较高的淤土相差 3.445 克/千克左右，详见表 3-1、表 3-2。

表 3-1　不同土种有机质含量　　　　　　单位：克/千克

土种名称	平均值	最大值	最小值	标准偏差	变异系数
底壤淤土	13.616	20	4.7	2.470	18.140
底砂两合土	14.117	24.2	7.4	4.427	31.360
底砂小两合土	14.793	19.8	10.1	3.355	22.681
底砂淤土	15.472	23	3.1	4.062	26.256
底黏两合土	12.882	17.4	6.6	1.814	14.085
底黏砂土	8.513	11.6	5	1.807	21.226
底黏小两合土	14.741	18.6	10.8	1.862	12.629
碱性潮壤土	11.663	17.8	9.1	3.681	31.564
两合土	12.942	27.4	4.1	3.297	25.475
浅位壤砂土	9.860	20.8	3.4	3.964	40.206
浅位黏砂土	8.660	13.8	3.4	3.356	38.753
轻盐两合土	14.086	20	9.2	2.226	15.803
沙土	10.078	22.1	3.2	4.100	40.686
砂土	16.790	19.1	13.8	1.851	11.027
石灰性潮砂土	11.133	19	3.2	4.132	37.115
体壤淤土	11.993	25	2.5	4.474	37.303
体砂两合土	12.078	22.8	3.2	3.570	29.559
体砂小两合土	14.380	26.8	3.8	3.639	25.304
体砂淤土	15.123	21.2	4.5	4.444	29.388
体黏两合土	13.111	19.4	6.9	3.130	23.874
体黏砂壤土	7.063	13.4	3.5	2.399	33.970
体黏小两合土	15.281	20.6	11.6	1.404	9.186
小两合土	11.453	22.1	2.7	3.328	29.058
腰壤淤土	12.276	17.1	3.4	3.847	31.336
腰砂淤土	16.724	26.5	5.7	5.790	34.624
淤土	14.535	21.9	5.2	2.684	18.467
黏土	15.564	26.9	3.6	4.139	26.592
总计	13.095	27.4	2.5	3.862	29.489

表 3-2　不同土种有机质含量　　　　　　单位：克/千克

土属名称	平均值	最大值	最小值	标准偏差	变异系数
两合土	12.608	26.8	2.7	3.505	27.800
砂土	10.302	20.8	3.2	4.092	39.717
石灰性潮壤土	13.692	27.4	3.2	4.043	29.528
淤土	13.747	26.5	2.5	3.802	27.659
总计	13.095	27.4	2.5	3.862	29.489

3. 耕层有机质含量与土壤质地的关系

土壤质地与耕层有机质含量有较密切的关系。从化验结果分析中得出，不同土壤质地有机质含量在台前县的分布规律。各质地耕层有机质含量排列顺序为：黏壤土>壤土>黏土>粉砂质黏壤土>砂质壤土，其含量分别为 14.421 克/千克、13.529 克/千克、13.527 克/千克、12.589 克/千克、7.04 克/千克，详见表 3-3。

表 3-3　不同质地土壤有机质养分含量

质地名称	粉砂质黏壤土	壤土	砂质壤土	黏壤土	黏土	总计
平均值	12.589	13.529	7.04	14.421	13.527	13.095

4. 耕层土壤有机质各级别状况

从各有机质含量级别及面积情况分析，有机质含量大于 19，代表面积 31 468.4 亩；有机质含量 15~19，代表面积 79 238.8 亩；有机质含量 11~15，代表面积 162 210.2 亩；有机质含量小于 11，代表面积 112 442.6 亩；主要分布在黄河滩区的砂质土壤的宜林地带。总体上台前县耕地土壤有机质含量有明显的分布规律和合理的代表性，详见表 3-4。

表 3-4　耕层土壤有机质各级别面积

有机质等级	面积（亩）	有机质等级	面积（亩）
≤11	112 442.591	15~19	79 238.8105
11~15	162 210.217	>19	31 468.3515

5. 不同土壤类型有机质含量

不同土壤类型有机质含量有较大差异。台前县有机质含量最低的是石灰性潮砂土，比有机质含量较高的石灰性潮壤土降低了 2 克/千克左右，详见附图 6、表 3-5。

表 3-5　不同土壤类型有机质含量

土属	耕层（0~20 厘米）				
	平均值（克/千克）	最大值（克/千克）	最小值（克/千克）	标准差	变异系数
石灰性潮壤土	13.778	25.5	7.6	1.935	0.140
石灰性潮砂土	11.794	16.3	8.4	1.397	0.118
石灰性潮黏土	14.108	21.1	9.1	2.436	0.173
盐化潮土	12.121	20.0	6.3	1.603	0.132
湿潮土	12.569	15.2	8.6	1.115	0.089

6. 耕层有机质含量与土壤质地的关系

土壤质地与耕层有机质含量有较密切的关系。从化验结果分析得出，不同土壤质地有机质含量在台前县的分布规律。各质地耕层有机质含量排列顺序为：重壤土>中壤土>轻黏土>轻壤土>砂壤土>紧砂土，其含量分别为 15.088 克/千克、14.189 克/千克、13.257 克/千克、12.878 克/千克、12.123 克/千克、11.793 克/千克。详见表 3-6。

表 3-6   不同质地土壤有机质养分含量

质地	紧砂土	轻壤土	轻黏土	砂壤土	中壤土	重壤土
平均值（克/千克）	11.793	12.878	13.257	12.123	14.189	15.088

第二节   大量元素

（一）全氮

土壤全氮含量指标不仅能体现土壤氮素的基础肥力，而且还能反映土壤潜在肥力的高低，即土壤的供氮潜力。根据调查分析结果，全县耕层土壤全氮含量平均为 0.817 克/千克，变化范围 0.162～1.778 克/千克，标准差 0.243，变异系数 29.73%。1985 年第二次土壤普查平均含量 0.51 克/千克，增加了 0.307 克/千克。

1. 不同土壤类型全氮含量

不同土壤类型全氮含量差异较小。石灰性潮壤土含量最高，各土壤类型全氮含量见表 3-7。

表 3-7   不同土壤类型氮素含量

土属	平均值（克/千克）	最大值（克/千克）	最小值（克/千克）	标准差	变异系数（%）
两合土	0.768	1.608	0.162	0.2114	27.529
砂土	0.627	1.248	0.192	0.2426	33.720
石灰性潮壤土	0.889	1.778	0.207	0.2614	23.782
淤土	0.840	1.59	0.17	0.2253	25.169
总计	0.817	1.778	0.162	0.2429	27.93

2. 不同土壤质地全氮含量

不同质地耕层土壤全氮含量排列顺序分别为：黏壤土>壤土>黏土>粉砂质

黏壤土＞砂质壤土，其养分含量分别为：0.882 克/千克、0.876 克/千克、0.828 克/千克、0.766 克/千克、0.422 克/千克，见表3-8 。

表3-8　不同土壤质地氮素含量

质地名称	粉砂质黏壤土	壤土	砂质壤土	黏壤土	黏土	总计
平均值（毫克/千克）	0.766	0.876	0.422	0.882	0.828	0.817

3. 耕层土壤全氮含量及分布（附图7）

4. 影响土壤全氮含量的因素

土壤中的氮素主要以有机态存在，约占土壤全氮量的90%，有机态氮素主要以大分子化合物的形式存在于土壤中，作物难以吸收利用，属迟效性氮；其余部分则以小分子有机态或铵态、硝态和亚硝态等形式存在，占土壤全氮的10%。土壤氮素的消长，主要决定于生物积累和分解作用的相对强弱，同时水热条件也会对其产生显著的影响。

（二）有效磷

土壤中的磷一般以无机态磷和有机态磷形式存在，通常有机态磷占全磷量的35%左右，无机态磷占全磷量的65%左右。无机态磷中易溶性磷酸盐和土壤胶体中吸附的磷酸根离子以及有机态磷中易矿化的部分，被视为有效磷，约占土壤全磷含量的10%左右。有效磷含量是衡量土壤养分含量和供应强度的重要指标。根据这次调查，全县耕层土壤有效磷含量平均16.957毫克/千克，变化范围2.5~59.9毫克/千克，标准差9.794，变异系数57.758%。

1. 不同土壤类型有效磷含量状况

不同土壤类型由于受土壤母质、种植制度、作物施肥状况不同的影响，有效磷含量应有较大差异，见表3-9。

表3-9　不同土壤类型耕层有效磷含量

土属	平均值（毫克/千克）	最大值（毫克/千克）	最小值（毫克/千克）	标准差	变异系数
两合土	15.566	59.6	2.5	8.408	54.02
砂土	15.678	56.2	2.6	8.665	53.63
石灰性潮壤土	18.745	59.9	2.5	11.646	44.86
淤土	17.129	56.7	2.5	8.656	49.09
总计	16.957	59.9	2.5	9.794	57.758

2. 不同土壤质地有效磷含量状况

土壤质地是影响耕层土壤磷素有效性的重要因素之一，耕层质地间的差异造成有效磷含量的不同，台前县不同土壤质地有效磷含量情况见表3-10。

表3-10　不同土壤质地有效磷含量

质地名称	粉砂质黏壤土	壤土	砂质壤土	黏壤土	黏土	总计
平均值（毫克/千克）	15.576	18.610	15.04	16.185	17.542	16.957

3. 耕层土壤有效磷含量及分布（附图8）

（三）速效钾

全县耕层土壤速效钾含量平均141.35毫克/千克，变化范围26～399毫克/千克，标准差61.97，变异系数43.84%。比1985年第二次土壤普查速效钾的含量（135.1毫克/千克），增加了6.25毫克/千克。

1. 不同土壤类型耕层土壤速效钾含量（表3-11）

表3-11　不同土壤类型耕层土壤速效钾含量

土属	平均值 （毫克/千克）	最大值 （毫克/千克）	最小值 （毫克/千克）	标准差	变异系数
两合土	145.15	399	36	61.78	42.56
砂土	124.71	399	32	61.59	49.54
石灰性潮壤土	133.11	357	26	61.10	46.41
淤土	151.59	397	36	61.51	40.75
总计	141.35	399	26	61.97	43.84

2. 不同土壤质地耕层土壤速效钾含量

不同质地耕层土壤速效钾含量差异较大，台前县黏土速效钾含量155.31毫克/千克，比壤土速效钾含量132.64毫克/千克，高出22.67毫克/千克。具体排序，见表3-12。

表3-12　不同土壤质地速效钾含量

质地名称	粉砂质黏壤土	壤土	砂质壤土	黏壤土	黏土	总计
平均值（毫克/千克）	143.83	132.64	144.8	141.1	155.31	141.35

3. 耕层土壤速效钾含量与面积分布（附图9）

第三节　微量元素

土壤中微量元素有效含量也在一定程度上制约土壤肥力，因此，土壤微量元素的分析测定为合理施肥培肥地力提供了科学依据。

（一）土壤有效锌

1. 不同土壤质地有效锌含量

台前县近几年在小麦、玉米、棉花、果蔬等作物锌肥的推广施用，取得了良好的增产效果，为提高土壤锌的含量、推广施用配方肥、培肥地力奠定了基础。化验结果分析表明，蔬菜地面积较多的土壤类型耕层有效锌含量较高。不同土壤类型、不同质地耕层有效锌含量排序，分别见表3-13、表3-14。

表3-13　不同土壤质地耕层有效锌含量

质地名称	粉砂质黏壤土	壤土	砂质壤土	黏壤土	黏土	总计
平均值	4.150	4.158	0.943	4.758	3.920	4.131

表3-14　不同土壤类型耕层有效锌含量

土属	耕层（0~20厘米）				
	平均值（毫克/千克）	最大值（毫克/千克）	最小值（毫克/千克）	标准差	变异系数
两合土	4.216	17.106	0.604	3.628	86.04
砂土	4.075	11.464	0.606	2.903	89.02
石灰性潮壤土	4.158	17.106	0.604	2.969	87.24
淤土	3.904	17.106	0.604	3.198	92.92
总计	4.131	17.106	0.604	3.304	87.81

2. 耕层土壤有效锌含量与面积分布

通过这次耕地地力评价调查分析，根据土壤养分分级标准，台前县土壤有效锌含量大部分为4~7毫克/千克，占总测试样品数的66.16%，表明台前县土壤有效锌含量中偏高（附图10）。

（二）土壤有效锰

耕层土壤有效锰平均含量为12.878毫克/千克，变化范围0.208~54.854毫克/千克，标准差7.343，变异系数70.38%。

1. 不同土壤类型、质地有效锰含量

耕层土壤有效锰含量在不同土壤质地、不同土壤类型间的差异均较小，其

排序分别见表3-15、表3-16。

表3-15　不同土壤质地耕层有效锰含量

质地名称	粉砂质黏壤土	壤土	砂质壤土	黏壤土	黏土	总计
平均值（毫克/千克）	14.041	11.403	7.029	11.855	12.854	12.871

表3-16　不同土壤类型耕层有效锰含量

土属	耕层（0~20厘米）				
	平均值（毫克/千克）	最大值（毫克/千克）	最小值（毫克/千克）	标准差	变异系数
两合土	13.977	54.654	0.208	9.064	64.85
砂土	13.978	41.764	5.992	7.018	64.84
石灰性潮壤土	11.375	54.854	0.867	4.371	79.68
淤土	12.886	54.854	1.058	6.907	70.34
总计	12.878	54.854	0.208	7.343	70.38

2. 耕层土壤有效锰含量与分布（附图11）

（三）土壤有效铜

耕层土壤有效铜平均含量为1.323毫克/千克，变化范围为0.07~2.446毫克/千克，标准差0.526，变异系数38.06%。

1. 不同土壤类型、质地耕层土壤有效铜含量

根据这次耕地地力评价调查分析，不同土壤质地、不同土壤类型的耕层土壤有效铜含量差异均较大，其排序情况分别见表3-17，表3-18。

表3-17　不同土壤质地耕层土壤有效铜含量

质地名称	粉砂质黏壤土	壤土	砂质壤土	黏壤土	黏土	总计
平均值（毫克/千克）	1.402	1.188	1.612	1.493	1.372	1.323

表3-18　不同土壤类型耕层土壤有效铜含量

土属	耕层（0~20厘米）				
	平均值（毫克/千克）	最大值（毫克/千克）	最小值（毫克/千克）	标准差	变异系数
两合土	1.397	2.446	0.07	0.503	36.04
砂土	1.466	2.446	0.26	0.496	34.34
石灰性潮壤土	1.172	2.19	0.07	0.529	42.96
淤土	1.399	2.446	0.07	0.518	35.99
总计	1.323	2.446	0.07	0.526	38.06

2. 耕层土壤有效铜含量与分布（附图12）

一般设定耕层土壤有效铜含量大于1毫克/千克为丰富，低于0.2毫克/千克为缺乏，此次调查分析表明，台前县不同土壤质地耕层土壤有效铜含量属高等水平，一般不需要补施铜。

（四）土壤有效铁

耕层土壤有效铁平均含量为6.484毫克/千克，变化范围为2.96～14.658毫克/千克，标准差2.168，变异系数31.50%。

1. 不同土壤质地耕层土壤有效铁含量

根据这次耕地地力评价调查分析，不同土壤质地、不同土壤类型的耕层土壤有效铁含量差异均较小，其排序情况分别见表3-19、表3-20。

表3-19 不同土壤质地耕层土壤有效铁含量

质地名称	粉砂质黏壤土	壤土	砂质壤土	黏壤土	黏土	总计
平均值（毫克/千克）	6.830	6.783	8.496	7.015	6.836	6.484

表3-20 不同土壤类型耕层有效铁含量

土属	耕层（0～20厘米）			标准差	变异系数
	平均值（毫克/千克）	最大值（毫克/千克）	最小值（毫克/千克）		
两合土	6.610	13.484	2.96	2.042	30.90
砂土	6.425	14.658	3.308	2.026	31.79
石灰性潮壤土	6.204	13.484	3.254	2.331	32.92
淤土	6.725	13.484	2.96	2.112	30.37
总计	6.484	14.658	2.96	2.168	31.50

2. 耕层土壤有效铁含量与面积分布

根据土壤养分分级标准，台前县耕层土壤有效铁含量集中在3、4级，分别占34.19%和41.25%；表明台前县耕地土壤有效铁含量处于中低等水平（附图13）。

第四节 土壤 pH 值

土壤 pH 值不仅影响作物的生长，还影响土壤微生物的活性、营养元素的形态和转化，是较为重要的土壤属性。

此次调查全县测定耕层土壤 pH 值平均为8.39，变化范围为7.8～8.9，标准差 0.134，变异系数 1.59%，见表 3-21。

表 3-21 耕地土壤 pH 值各级别面积

pH 值分级	分级标准	平均值	样品个数（个）	占总样品数的（%）	代表面积（万亩）
1 级	≥8.6	8.635	609	10.46	4.03
2 级	8.4~8.6	8.438	3 061	52.57	20.24
3 级	8.2~8.4	8.269	1 986	34.11	13.14
4 级	8.0~8.2	8.082	159	2.73	1.05
5 级	<8.0	7.863	8	0.137	0.05
合计			5 823	100	38.5

根据上表，台前县 pH 值在 8.0 以上的占 99.86%。土壤显弱碱性。

第四章　耕地地力评价方法与程序

第一节　耕地地力评价基本原理与原则

一、基本原理

根据农业部《测土配方施肥技术规范》和《耕地地力评价指南》确定的评价方法，耕地地力是指耕地自然属性要素（包括人类生产活动形成和受人类生产活动影响大的因素，如灌溉保证率、排涝能力、轮作制度、耕作制度与年限等）相互作用所表现出来的潜在生产能力。本次耕地地力评价是以台前县县域范围为对象展开的，因此，选择的是以土壤要素为主的潜力评价，采用耕地自然要素评价指数反映耕地潜在生产能力的高低。

二、耕地地力评价基本原则

本次耕地地力评价所采用的耕地地力概念是指耕地的基础地力，也即由耕地土壤所处的地形、地貌条件、成土母质特征、农田基础设施及培肥水平、土壤理化性状等综合构成的耕地生产力。此类评价揭示是处于特定范围内（一个完整的县域）、特定气候（一般来说，一个县域内的气候特征是基本相似的）条件下，各类立地条件、剖面性状、土壤理化性状、障碍因素与土壤管理等因素组合下的耕地综合特征和生物生产力的高低，也即潜在生产力。通过深入分析，找出影响耕地地力的主导因素，为耕地改良和管理利用提供依据。基于此，耕地地力评价所遵循的基本原则如下。

（一）综合因素与主导因素相结合的原则

耕地是一个自然经济综合体，耕地地力也是各类要素的综合体现。本次耕地地力评价所采用的耕地地力概念是指耕地的基础地力，也即由耕地土壤的所处的地形、地貌条件、成土母质特征、农田基础设施及培肥水平、土壤理化性状等综合构成的耕地生产力。所谓综合因素研究，是指对前述耕地立地条件、剖面性状、耕层理化性质、障碍因素和土壤管理水平 5 个方面的因素进行全面的研究、分析与评价，以全面了解耕地地力状况。所谓主导因素，是指在特定的县域范围内对耕地地力起决定作用的因素，在评价中要着重对其进行研究分析。因此，把综合因素与主导因素结合起来进行评价，既着眼于全县域范围内的所有耕地类型，也关注对耕地地力影响大的关键指标。以期达到评价结果反映出县域内耕地地力的全貌，也能分析特殊耕地地力等级和特定区域内耕地地力的主导因素，可为全县域耕地资源的利用提供决策依据，又可为低等级耕地的改良提供攻坚方向。

（二）稳定性原则

评价结果在一定的时期内应具有一定的稳定性，能为一定时期内的耕地资源配置和改良提供依据。因此，在指标的选取上必须考虑评价指标的稳定性。

（三）一致性与共性原则

考虑区域内耕地地力评价结果的可比性，不针对某一特定的利用类型，对于县域内全部耕地利用类型，选用统一的共同的评价指标体系。

同时，鉴于耕地地力评价是对全年的生物生产潜力进行评价，因此，评价指标的选择需是考虑全年的各季作物的；同时，对某些因素的影响要进行整体和全局的考虑，如灌溉保证率和排涝能力，必须考虑其发挥作用的频率。

（四）定量和定性相结合的原则

影响耕地地力的土壤自然属性和人为因素（如灌溉保证率、排涝能力等）中，既有数值型的指标，也有概念型的指标。两类指标都根据其对全县域内的耕地地力影响程度决定取舍。对数据标准化时采用相应的方法。原因是可以全面分析耕地地力的主导因素，为合理利用耕地资源提供决策依据。

（五）潜在生产力与实现生产力相结合的原则

耕地地力评价是通过多因素分析方法，对耕地潜在生产能力的评价，区别于实现的生产力。但是，同一等级耕地内的较高现实生产能力作为选择指标和衡量评价结果是否准确的参考依据。

（六）采用 GIS 支持的自动化评价方法原则

自动化、定量化的评价技术方法是评价发展的方向。近年来，随着计算机技术，特别是 GIS 技术在资源评价中的不断应用和发展，基于 GIS 的自动化评价方法已不断成熟，使土地评价的精度和效率大大提高。本次的耕地地力评价工作通过数据库建立、评价模型构建及其与 GIS 空间叠加等分析模型的结合，实现了全数字化、自动化的评价流程。

第二节　耕地地力评价技术流程

一、建立县域耕地资源基础数据库

结合测土配方施肥项目开展县域耕地地力评价的主要技术流程有 5 个环节。利用 3S 技术，收集整理所有相关历史数据和测土配方施肥数据，采用与数据类型相适应的、且符合"县域耕地资源管理信息系统"及数据字典要求的技术手段和方法，建立以县为单位的耕地资源基础数据库，包括属性数据库和空间数据库两类。

二、建立耕地地力评价指标体系

耕地地力评价指标体系，包括三部分内容。一是评价指标，即从国家耕地地力评价选取的评价指标；二是评价指标的权重和组合权重；三是单指标的隶属度，即每一指标不同表现状态下的分值。单指标权重的确定采用层次分析法，概念型指标采用特尔斐法和模糊评价法建立隶属函数，数值型的指标采用特尔斐法和非线性回归法建立隶属函数。

三、确定评价单元

所谓耕地地力评价单元，就是指潜在生产能力近似且边界封闭具有一定空间范围的耕地。根据耕地地力评价技术规范的要求，此次耕地地力评价单元采用县级土壤图（到土种级）和土地利用现状图叠加，进行综合取舍和技术处理后形成不同的单元。

用土壤图（土种）和土地利用现状图（含有行政界限）叠加产生的图斑作为耕地地力评价的基本单元，使评价单元空间界限及行政隶属关系明确，单元的位置容易实地确定，同时同一单元的地貌类型及土壤类型一致，利用方式及耕作方法基本相同。可以使评价结果应用于农业布局等农业决策，还可用于指导生产实践，也为测土配方施肥技术的深入普及奠定良好基础。

四、建立县域耕地资源管理信息系统

将第一步建立的各类属性数据和空间数据按照农业部统一提供的"县域耕地资源信息管理系统 4.0 版"的要求，导入该系统内，并建立空间数据库和属性数据库连接，建成台前县县域耕地资源信息管理系统。依据第二步建立的指标体系，在"县域耕地资源信息管理系统 4.0 版"内，分别建立层次分析权属模型和单因素隶属函数建成的县域耕地资源管理信息系统作为耕地地力评价的软件平台。

五、评价指标数据标准化与评价单元赋值

根据空间位置关系将单因素图中的评价指标，提取并赋值给评价单元。

六、综合评价

采用隶属函数法对所有评价指标数据进行隶属度计算，利用权重加权求和，计算出每一单元的耕地地力指数，采用耕地地力指数累积曲线法划分耕地地力等级，并纳入到国家耕地地力等级体系中（图4-1）。

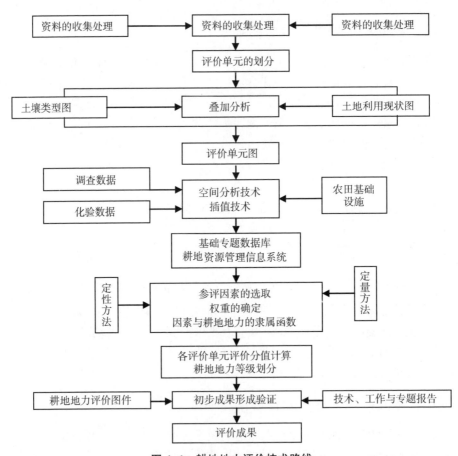

图4-1　耕地地力评价技术路线

七、撰写耕地地力评价报告

在行政区域和耕地地力等级两类中，分析耕地地力等级与评价指标的关系，找出影响耕地地力等级的主导因素和提高耕地地力的主攻方向，进而提出耕地资源利用的措施和建议。

第三节　资料收集与整理

一、耕地土壤属性资料

采用全国第二次土壤普查时的土壤分类系统，根据河南省土壤肥料站要求，与全省土壤分类系统进行了对接。本次评价采用全省统一的土种名称。各土种的发生学性状与剖面特征、立地条件、耕层理化性状、障碍因素等性状均采用土壤普查时所获得的资料。对一些已发生了变化的指标，采用测土配方施肥项目野外采样的调查资料进行补充修订，如耕层厚度、田面坡度等。基本资料来源于土壤图和土壤普查报告。

二、耕地土壤养分含量

评价所用的耕地耕层土壤养分含量数据均来源于测土配方施肥项目的分析化验数据。分析方法和质量控制依据《测土配方施肥技术规范》进行（表4-1）。

表4-1　分析化验项目与方法

序号	项目	方法
1	土壤 pH 值	电位法测定
2	土壤有机质	油浴加热重铬酸钾氧化容量法测定
3	土壤全氮	凯氏蒸馏法测定
4	土壤有效磷	碳酸氢钠或氟化铵—盐酸浸提—钼锑抗比色法测定
5	土壤缓效钾	硝酸提取—火焰光度计、原子吸收分光光度计法或 ICP 法测定
6	土壤速效钾	乙酸铵浸提—火焰光度计、原子吸收分光光度计法或 ICP 法测定
7	土壤有效硫	磷酸盐—乙酸或氯化钙浸提—硫酸钡比浊法测定
8	土壤有效铜、锌、铁、锰	DTPA 浸提—原子吸收分光光度计法或 ICP 法测定

三、农田水利设施

台前县地处平原，水利设施完备，能基本实现旱涝保丰收。但遇到雨水大的年份，台前县部分区域易形成内涝，有田间积水现象，急须加以治理。

四、社会经济统计资料

以行政区划为基本单位的人口、土地面积、作物面积和单产，以及各类投入产出等社会经济指标数据。县域行政区为最新行政区划。统计资料为1990—2009年（台前县统计局编）的。

五、基础及专题图件资料

（1）台前县综合农业区划（1983年9月，台前县农业区划办公室编制），该资料由台前县农业局提供。

（2）台前县农业综合开发（2008年3月，台前县农业综合开发办公室编制），由台前县农业综合开发办公室提供。

（3）台前县土地利用现状（2010年8月，台前县国土资源管理局编制），由台前县国土资源管理局提供。

（4）台前县水利志（1983—2006年）（2007年10月，河南省台前县水利志编写小组编制），由台前县水利局提供。

（5）台前县土壤（1986年6月，台前县土壤普查办公室编制、濮阳市土壤普查办公室联合编制），由台前县土壤肥料工作站提供。

（6）台前县1949—1990年、2001—2006年、2009年统计年鉴（台前县统计局编制），由台前县统计局提供，1991—2000年、2007年、2008年统计年鉴由台前县农业局编制、提供。

（7）台前县1971—2000年气象资料（台前县气象局编制），由台前县气象局提供。

（8）台前县2008—2010年测土配方施肥项目技术总结专题报告（河南省台前县农业局编制），由台前县土壤肥料工作站提供。

（9）行政区划图（2009年8月，台前县民政局绘制），由台前县农业局提供。

（10）土地利用规划图（2009年8月，台前县土地局绘制），由台前县土地局提供。

六、野外调查资料

本次耕地地力评价工作由办公室统一调度，组织精干力量，分9个外业小组，每组 3 人，出动 9 台车，分赴全县 9 个乡镇，负责野外采样、调查工作，填写外业调查表及收集相关信息资料。

七、其他相关资料

（1）台前县志（1994 年 7 月，台前县地方史志编委会编制），该资料由台前县地方史志编委会提供。

（2）行政代码表（台前县技术监督局编制），该资料由台前县技术监督局提供。

（3）种植制度分区图（台前县农业局编制），该资料由台前县土壤肥料工作站提供。

第四节　图件数字化与建库

耕地地力评价是基于大量的与耕地地力有关的耕地土壤自然属性和耕地空间位置信息，如立地条件、剖面性状、耕层理化性状、土壤障碍因素，以及耕地土壤管理方面的信息。调查的资料可分为空间数据的属性数据，空间数据主要指项目县的各种基础图件，以及调查样点的 GPS 定位数据；属性数据主要指与评价有关的属性表格和文本资料。为了采用信息化的手段进行评价和评价结果管理，首先需要开展数字化工作。根据《测土配方施肥技术规范》、县域耕地资源管理信息系统（4.0 版）要求，根据对土壤、土地利用现状等图件进行数字化，并建立空间数据库。

一、图件数字化

空间数据的数字化工作比较复杂，目前常用的数字化方法包括三种：一是采用数字化仪数字化，二是光栅矢量化，三是数据转换法。本次评价中采用了后两种方法。

光栅矢量化法以是以已有的地图或遥感影像为基础，利用扫描仪将其转换为光栅图，在 GIS 软件支持下对光栅图进行配准，然后以配准后的光栅图为参考进行屏幕光栅矢量化，最终得到矢量化地图。光栅矢量化法的步骤见图 4-2。

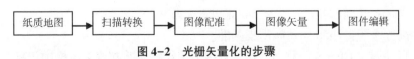

图 4-2　光栅矢量化的步骤

数据转换法是利用已有的数字化数据，利用软件转换工具，转换为本次工作要求的＊.shp格式。采用该方法是针对目前台前县国土资源管理部门的土地利用图都已数字化建库，采用的是Mapgis的数据格式，利用Mapgis的文件转换功能很容易将＊.wp/＊.wl/＊.wt的数据转换为＊.shp格式。

属性数据的输入是数据库或电子表格来完成的。与空间数据相关的属性数据需要建立与空间数据对应的联接关键字，通过数据联接的方法，联接到空间数据中，最终得到满足评价要求的空间—属性一体化数据库（图4-3）。技术方法如下。

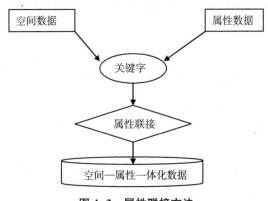

图4-3　属性联接方法

二、图形坐标变换

在地图录入完毕后，经常需要进行投影变换，得到统一空间参照系下的地图。本次工作中收集到的土地利用现状图采用的是高斯3度带投影，需要变换为高斯6度带投影。进行投影变换有两种方式，一种是利用多项式拟合，类似于图像几何纠正；另一种是直接应用投影变换公式进行变换。基本原理如下。

$$X' = f(x, y)$$
$$Y' = g(x, y)$$

式中，X'，Y'为目标坐标系下的坐标，x，y为当前坐标系下的坐标。

本次评价中的数据，采用统一空间定位框架，参数如下。

投影方式：高斯-克吕格投影，6度带分带，对于跨带的县进行跨带处理。

坐标系及椭球参数：北京54/克拉索夫斯基。

高程系统：1956年黄海高程基准。

野外调查GPS定位数据：初始数据采用经纬度并在调查表格中记载；装入GIS系统与图件匹配时，再投影转换为上述直角坐标系坐标。

三、数据质量控制

根据《耕地地力评价指南》的要求，对空间数据和属性数据进行质量控制。属性数据按照指南的要求，规范各数据项的命名、格式、类型、约束等。

空间数据达到最小上图面积 0.04 平方厘米的要求，并规范图幅内外的图面要素。扫描影像数据水平线角度误差不超过 0.2 度，校正控制点不少于 20 个，校正绝对误差不超过 0.2 毫米，矢量化的线划偏离光栅中心不超 0.2 毫米。耕地和园地面积以国土部门的土地详查面积为控制面积。

第五节　土壤养分空间插值与分区统计

本次评价工作需要制作养分图和养分等值线图，这需要采用空间插值法将采样点的分析化验数据进行插值，生成全域的各类养分图和养分等值线图。

一、空间插值法简介

研究土壤性质的空间变异时，观察点和取样点总是有限的，因而对未测点的估计是完全必要的。大量研究表明，地统计学方法中半方差图和 Kriging 插值法适合于土壤特性空间预测，并得到了广泛应用。

克里格插值法（Kriging）也称空间局部估计或空间局部插值，它是建立在半变异函数理论及结构分析基础上，在有限区域内对区域化变量的取值进行无偏最优估计的一种方法。克里格法实质上利用区域化变量的原始数据和半变异函数的结构特点，对未采样点的区域化变量的取值进行线性无偏最优估计的一种方法。更具体地讲，它是根据待估样点有限领域内若干已测定的样点数据，在认真考虑了样点的形状、大小和空间相互位置关系，它们与待估样点间相互空间位置关系，以及半变异函数提供的结构信息之后，对该待估样点值进行的一种线性无偏最优估计。研究方法的核心是半方差函数，公式为：

$$\overline{\gamma}(h) = \frac{1}{2N(h)} \sum_{\alpha=1}^{N(h)} \left[z(u_\alpha) - z(u_\alpha + h) \right]^2$$

式中，h 为样本间距，又称位差（Lag）；$N(h)$ 为间距为 h 的"样本对"数。

设位于 X_0 处的速效养分估计值为 $\hat{Z}(x_0)$，它是周围若干样点实测值 $Z(x_i)$（$i=1, 2, \cdots, n$）的线性组合，即

$$\hat{Z}(x_0) = \sum_{i=1}^{n} \lambda_i z(x_i)$$

式中，$\hat{Z}(x_0)$ 为 X_0 处的养分估计值；λ_i 为第 i 个样点的权重；$z(x_i)$ 为第 i 个样点值。

要确定 λ_i 有两个约束条件：

$$\begin{cases} \min\left[(Z(x_0) - \sum_{i=1}^{n}\lambda_i Z(x_i)\right]^2 \\ \sum_{i=1}^{n}\lambda_i = 1 \end{cases}$$

满足以上两个条件可得如下方程组：

$$\begin{bmatrix} \gamma_{11} & L & \gamma_{1n} & 1 \\ M & 0 & M & M \\ \gamma_{n1} & L & \gamma_{nn} & 1 \\ 1 & L & 1 & 0 \end{bmatrix} \cdot \begin{bmatrix} \lambda_1 \\ M \\ \lambda_1 \\ m \end{bmatrix} = \begin{bmatrix} \gamma_{01} \\ M \\ \gamma_{0n} \\ 1 \end{bmatrix}$$

式中，γ_{ij} 表示 x_i 和 x_j 之间的半方差函数值；m 为拉格朗日值。

解上述方程组即可得到所有的权重 λ_i 和拉格朗日值 m。利用计算所得到的权重即可求得估计值 $\hat{Z}(x_0)$。

克里格插值法要求数据服从正态分布，非正态分布会使变异函数产生比例效应，比例效应的存在会使实验变异函数产生畸变，抬高基台值和块金值，增大估计误差，变异函数点的波动太大，甚至会掩盖其固有的结构，因此应该消除比例效应。此外克里格插值结果的精度还依赖于采样点的空间相关程度，当空间相关性很弱时，意味着这种方法不适用。因此当样点数据不服从正态分布或样点数据的空间相关性很弱时，我们采用反距离插值法。

反距离法是假设待估未知值点受较近已知点的影响比较远已知点的影响更大，其通用方程是：

$$Z_O = \frac{\sum_{i=1}^{s} Z_i \dfrac{1}{d_i^k}}{\sum_{i=1}^{s} \dfrac{1}{d_i^k}}$$

式中，Z_O 是待估点 O 的估计值；Z_i 是已知点 i 的值；d_i 是已知点 i 与点 O 间的距离；s 是在估算中用到的控制点数目；k 是指定的幂。

该通用方程的含义是已知点对未知点的影响程度用点之间距离乘方的倒数表示，当乘方为 1（$k=1$）时，意味着点之间数值变化率恒定，该方法称为线性插值法，乘方为 2 或更高则意味着越靠近的已知点，该数值的变化率越大，远离已知点则趋于稳定。

在本次耕地地力评价中，还用到了"以点代面"估值方法，对于外业调查数据的应用不可避免的要采用"以点代面"法。在耕地资源管理图层提取属性过程中，计算落入评价单元内采样点某养分的平均值，没有采样点的单元，直接取邻近的单元值。

GIS 分析方法中的泰森多边形法是一种常用的"以点代面"估值方法。这种方法是按狄洛尼（Delounay）三角网的构造法，将各监测点 Pi 分别与周围多个监测点相连得到三角网，然后分别作三角网边线的垂直平分线，这些垂直平分线相交则形成以监测点 P 为中心的泰森多边形。每个泰森多边形内监测点数据即为该泰森多边形区域的估计值，泰森多边形内每处的值相同，等于该泰森多边形区域的估计值。

二、空间插值

本次空间插值采用 ArcGIS 9.2 中的 Geostatistical Analyst 功能模块完成。

测土配方施肥项目测试分析了全氮、速效磷、缓效钾、速效钾、有机质、pH 值、铜、铁、锰、锌等项目。这些分析数据根据外业调查数据的经纬度坐标生成样点图，然后将以经纬度坐标表示的地理坐标系投影变换为以高斯坐标表示的投影平面直角坐标系，得到的样点图中有部分数据的坐标记录有误，样点落在了县界之外，对此要加以修改和删除。

首先对数据的分布进行探查，剔除异常数据，观察样点分析数据的分布特征，检验数据是否符合正态分布和取自然对数后是否符合正态分布。以此选择空间插值方法。

其次是根据选择的空间插值方法进行插值运算，插值方法中参数选择以误差最小为准则进行选取。

最后是生成格网数据，为保证插值结果的精度和可操作性，将结果采用 20米×20 米的 GRID-格网数据格式。

三、养分分区统计

养分插值结果是格网数据格式，地力评价单元是图斑，需要统计落在每一评价单元内的网格平均值，并赋值给评价单元。

工作中利用 ArcGIS 9.2 系统的分区统计功能（Zonal statistics）进行分区统计，将统计结果按照属性联接的方法赋值给评价单元。

第六节　耕地地力评价与成果图编辑输出

一、建立县域耕地资源管理工作空间

首先建立县域耕地资源管理工作空间，然后导入已建立好的各种图件和表格。详见耕地资源管理信息系统章节。

二、建立评价模型

在县域耕地资源管理系统的支持下，将建立的指标体系输入到系统中，分别建立评价指标的权重模型和隶属函数评价模型。

三、县域耕地地力等级划分

根据耕地资源管理单元图中的指标值和耕地地力评价模型，现实对各评价单元地力综合指数的自动计算，采用累积曲线分级法划分县域耕地地力等级。

四、归入全国耕地地力体系

对县域各级别的耕地粮食产量进行专项调查，每个级别调查 20 个以上评价单元近 3 年的平均粮食产量，再根据该级土地稳定的立地条件（比如质地、耕层厚度等）状况，进行潜力修正后，作为该级别耕地的粮食产量，与《全国耕地类型区、耕地地力等级划分》（NY/T 309—1996）进行对照，将县级耕地地力评价等级归入国家耕地地力等级。

五、图件的编制

为了提高制图的效率和准确性，在地理信息系统软件 ArcGIS 的支持下，进行耕地地力评价图及相关图件的自动编绘处理。台前县的行政区划、河流水系、大型交通干道等作为基础信息，然后叠加上各类专题信息，得到各类专题图件。专题地图的地理要素内容是专题图的重要组成部分，用于反映专题内容的地理分布，并作为图幅叠加处理等的分析依据。地理要素的选择应与专题内容相协调，考虑图面的负载量和清晰度，应选择基本的、主要的地理要素。

对于有机质含量、速效钾、有效磷、有效锌等其他专题要素地图，按照各要素的分级分别赋予相应的颜色，同时标注相应的代号，生成专题图层。之后与地理要素图复合，编辑处理生成专题图件，并进行图幅的整饰处理。

耕地地力评价图以耕地地力评价单元为基础，根据各单元的耕地地力评价等级结果，对相同等级的相邻评价单元进行归并处理，得到各耕地地力等级图斑。在此基础上，用颜色表示不同耕地地力等级。

图外要素绘制了图名、图例、坐标系高程系说明、成图比例尺、制图单位全称、制图时间等。

六、图件输出

图件输出采用两种方式，一是打印输出，按照 1∶50 000 的比例尺，在大型绘图仪的支持下打印输出。二是电子输出，按照 1∶50 000 的比例尺，300dpi 的分辨率，生成 ∗.jpg 光栅图，以方便图件的使用。

第七节　耕地资源管理系统的建立

一、系统平台

耕地资源管理系统软件平台采用农业部种植业管理司、全国农业技术推广服务中心和扬州土肥站联合开发的"县域耕地资源管理信息系统 4.0"，该系统以县级行政区域内耕地资源为管理对象，以土地利用现状与土壤类型的结合为管理单元，通过对辖区内耕地资源信息采集、管理、分析和评价，是本次耕地地力评价的系统平台。增加相应技术模型后，不仅能够开展作物适宜性评价、品种适宜性评价，也能够为农民、农业技术人员以及农业决策者合理安排作物布局、科学施肥、节水灌溉等农事措施提供耕地资源信息服务和决策支持。系统界面见图 4-4。

二、系统功能

"县域耕地资源管理信息系统 4.0"具有耕地地力评价和施肥决策支持等功能，其主要功能如下。

(一) 耕地资源数据库建设与管理

系统以 Mapobjects 组件为基础开发完成，支持 ∗.shp 的数据格式，可以采用单机的文件管理方式，与可以通过 SDE 访问网络空间数据库。系统提供数据导入、导出功能，可以将 Arcview 或 ArcGIS 系统采集的空间数据导入本系统，也可将 ∗.DBF 或 ∗.MDB 的属性表格导入到系统中，系统内嵌了规范化的数据字典，外部数据导入系统时，可以自动转换为规范化的文件名和属性数据结构，有利于全国耕地地力评价数据的标准化管理。管理系统也能方便的将空间数据导出为 ∗.shp 数据，属性数据导出为 ∗.xls 和 ∗.mdb 数据，以方便其他

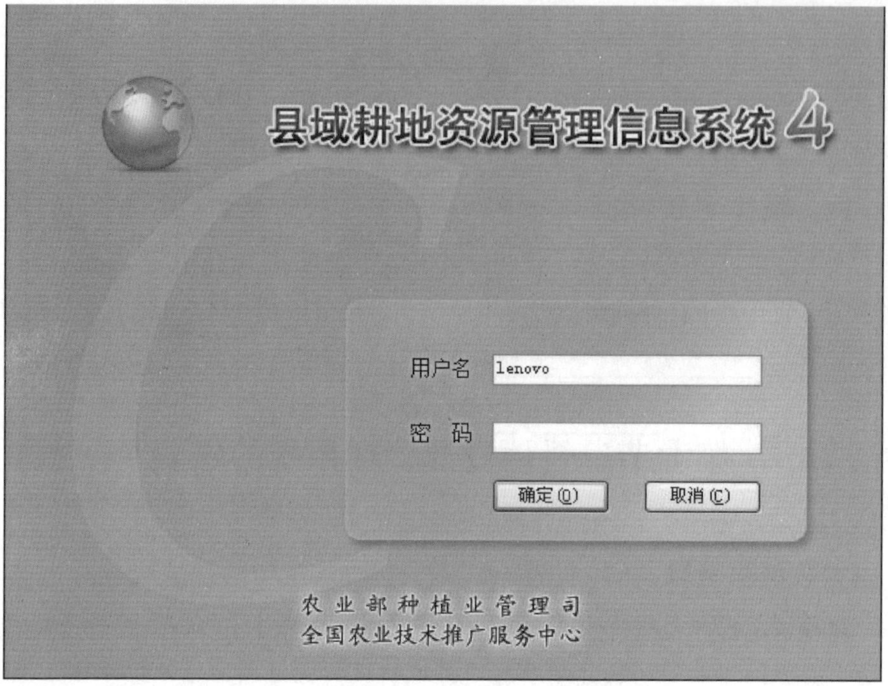

图4-4 县域耕地资源管理信息系统4.0

相关应用。

系统内部对数据的组织分工作空间、图集、图层三个层次，一个项目县的所有数据、系统设置、模型及模型参数等共同构成项目县的工作空间。一个工作空间可以划分为多个图集，图集针对的是某一专题应用，例如，耕地地力评价图集、土壤有机质含量分布图集、配方施肥图集等。组成图集的基本单位是图层，对应的是 *.shp 文件，例如，土壤图、土地利用现状图、耕地资源管理单元图等，都是指的图层。

（二）GIS 系统的一般功能

系统具备了 GIS 的一般功能，例如地图的显示、缩放、漫游、专题化显示、图层管理、缓冲区分析、叠加分析、属性提取等功能，通过空间操作与分析，可以快速获得感兴趣区域信息。更实用的功能是属性提取和以点代面等功能，本次评价中属性提取功能可将专题图的专题信息，例如灌溉保证率等，快速的提取出来赋值给评价单元。

（三）模型库的建立与管理

专业应用与决策支持离不开专业模型，系统具有建立层次分析权重模型、隶属函数单因素评价模型、评价指标综合计算模型、配方施肥模型、施肥运筹模型等系统模型的功能。在本次地力评价过程中，利用系统的层次分析功能，辅助本县快速的完成了指标权重的计算。权重模型和隶属函数评价模型建立后，可快速地完成耕地潜力评价，通过对模型参数的调整，实现了评价结果的快速修正。

（四）专业应用与决策支持

在专业模型的支持下，可实现对耕地生产潜力的评价、某一作物的生产适宜性评价等评价工作，也可实现单一营养元素的丰缺评价。根据土壤养分测试值，进行施肥计算，并可提供施肥运筹方案。

三、数据库的建立

（一）属性数据库的建立

1. 属性数据的内容

根据本县耕地质量评价的需要，确立了属性数据库的内容，其内容及来源见表4-2。

表4-2　属性数据库内容及来源

编号	内容名称	来　源
1	县、乡、村行政编码表	统计局
2	土壤分类系统表	土壤普查资料，省土种对接资料
3	土壤样品分析化验结果数据表	野外调查采样分析
4	农业生产情况调查点数据表	野外调查采样分析
5	土地利用现状地块数据表	系统生成
6	耕地资源管理单元属性数据表	系统生成
7	耕地地力评价结果数据表	系统生成

2. 数据录入与审核

数据录入前应仔细审核，数值型资料注意量纲上下限，地名应注意汉字多音字、繁简字、简全称等问题。录入后还应仔细检查，保证数据录入无误后，将数据库转为规定的格式（DBF格式文件），通过系统的外部数据表维护功能，导入到耕地资源管理系统中。

（二）空间数据库的建立

土壤图、土地利用现状图、调查样点分布图是耕地地力调查与质量评价最为重要的基础空间数据（表4-3）。分别通过以下方法采集：将土壤图和土地利用现状图扫描成栅格文件后，借助 MapGIS 软件进行手动跟踪矢量化形成土壤图数字化图层，图件扫描采用 300dpi 分辩率，以黑白 TIFF 格式保存。之后转入到 ArcGIS 中进行数据的进一步处理。在 ArcGIS 中将土地利用现状图分为农用地地块图（包括耕地和园地）和非农用地地块图，将农用地地块图与土壤图叠加得到耕地资源管理单元图。利用外业调查中采用 GPS 定位获取的调查样点经、纬度资料，借助 ArcGIS 软件将经纬度坐标投影转换为北京 54 直角坐标系坐标，建立本县耕地地力调查样点空间数据库。对土壤养分等数值型数据，根据 GPS 定位数据在 ArcGIS 软件支持下生成点位图，利用 ArcGIS 的地统计功能进行空间插值分析，产生各养分分布图和养分分布等值线。养分分布图采用格网数据格式，利用分区统计功能，将结果赋值给耕地资源管理单元图中的图斑。其他专题图，例如灌溉保证率分区图等，采用类似的方法进行矢量采集。

表 4-3　空间数据库内容及资料来源

序	图层名	图层属性	资料来源
1	行政区划图	多边形	土地利用现状图
2	面状水系图	多边形	土地利用现状图
3	线状水系图	线层	土地利用现状图
4	道路图	线层	土地利用现状图+交通图修正
5	土地利用现状图	多边形	土地利用现状图
6	农用地地块图	多边形	土地利用现状图
7	非农用地地块图	多边形	土地利用现状图
8	土壤图	多边形	土壤图
9	系列养分等值线图	线层	插值分析结果
10	耕地资源管理单元图	多边形	土壤图与农用地地块图
11	土壤肥力普查农化样点点位图	点层	外业调查
12	耕地地力调查点点位图	点层	室内分析
13	评价因子单因子图	多边形	相关部门收集

四、评价模型的建立

将本县建立的耕地地力评价指标体系按照系统的要求输入到系统中，分别建立耕地地力评价权重模型和单因素评价的隶属函数模型。之后就可利用建立的评价模型对耕地资源管理单图进行自动评价，如图 4-5 所示。

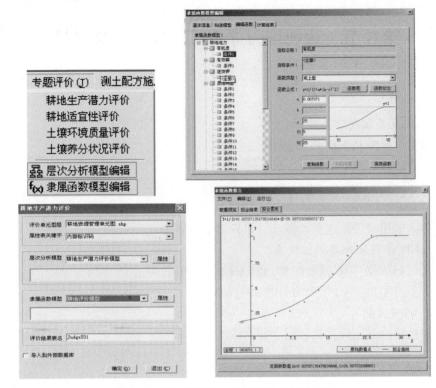

图 4-5 评价模型建立与耕地地力评价示图

五、系统应用

(一) 耕地生产潜力评价

根据前文建立的层次分析模型和隶属函数模型，采用加权综合指标法计算各评价单元综合分值，然后根据累积频率曲线图进行分级。

(二) 制作专题图

依据系统提供的专题图制作工具，制作耕地地力评价图、有机质含量分布图等图件。以县级地力等级评价图为例进行示例说明，见附图 16。

(三) 养分丰缺评价

依据测土配方施肥工作中建立的养分丰缺指标，对耕地资源管理单元图中的养分进行丰缺评价。

第八节　耕地地力评价工作软、硬件环境

一、硬件环境

1. 配置高性能计算机

CPU：奔腾 IV3.0Ghz 及同档次的 CPU。

内存：1GB 以上。

显示卡：ATI9000 及以上档次的显示卡。

硬盘：80G 以上。

输入输出设备：光驱、键盘、鼠标和显示器等。

2. GIS 专用输入与输出设备

大型扫描仪：A0 幅面的 CONTEX 扫描仪。

大型打印机：A0 幅面的 HP800 打印机。

3. 网络设备

包括路由器、交换机、网卡和网线。

二、系统软件环境

（1）通用办公软件（Office2003）。

（2）数据库管理软件（Access2003）。

（3）数据分析软件（SPSS13.0）。

（4）GIS 平台软件（ArcGIS 9.2、Mapgis 6.5）。

（5）耕地资源管理信息系统软件。农业部种植业管理司和全国农业技术推广服务中心开发的县域耕地资源管理信息系统 4.0 系统。

第五章 耕地地力评价指标体系

第一节 耕地地力评价指标体系内容

合理正确地建立耕地地力评价指标体系，是科学地进行耕地地力评价的前提，直接关系到评价结果的正确性、科学性和社会可接受性。综合《测土配方施肥技术规范》《耕地地力评价指南》和"县域耕地资源信息管理系统 4.0"的技术规定与要求，我们将选取评价指标、确定各指标权重和确定各评价指标的隶属度 3 项内容作为建立耕地地力评价指标体系的主要内容。

台前县耕地地力指标体系是在河南省土壤肥料工作站和郑州大学的指导下，结合台前县的耕地特点，通过专家组的充分论证和商讨，逐步建立起来的。首先，根据一定原则，结合台前县农业生产实际、农业生产自然条件和耕地土壤特征从全国耕地地力评价因子集中选取，建立县域耕地地力评价指标集。其次，利用层次分析法，建立评价指标与耕地潜在生产能力间的层次分析模型，计算单指标对耕地地力的权重。最后，采用专家直接打分法建立各指标的隶属度。

第二节 耕地地力评价指标

一、耕地地力评价指标选择原则

（一）重要性原则

影响耕地地力的因素很多，农业部测土配方施肥技术规范中列举了 6 大类 65 个指标。这些指标是针对全国范围的，具体到一个县的行政区域，必须在其中挑选对本地耕地地力影响最为显著的因子。台前县选取的指标为质地构型、有机质、有效磷、有效钾、灌溉保证率和排涝能力共 6 个因子。台前县是黄河滩区，土壤类型为潮土，属冲积形成，其不同层次的质地排列组织就是质地构型，这是一个对耕地地力有很大影响的指标。夹黏、夹砂、均质壤、均质砂、均质黏的生产性状差异很大，必须选为评价指标。

（二）稳定性原则

选择的评价因子在时间序列上必须具有相对的稳定性。选择时间序列上易变指标，则会造成评价结果在时间序列上的不稳定，指导性和实用性差，而耕地地力若没有较为剧烈的人为等外部因素的影响，在一定时期内是稳定的。

（三）差异性原则

差异性原则分为空间差异性和指标因子的差异性。耕地地力评价的目的之一就是通过评价找出影响耕地地力的主导因素，指导耕地资源的优化配置。评价指标在空间和属性上没有差异，就不能反映耕地地力的差异。因此，在县级行政区域内，没有空间差异的指标和属性不能选为评价指标。例如，≥0℃积温、≥10℃积温、降水量、日照指数、光能辐射总量、无霜期都对耕地地力有很大的影响，但在县域范围内，其差异很小或基本无差异，不能选为评价指标。

（四）易获取性原则

通过常规的方法即可以获取，如土壤养分含量、耕层厚度、灌排条件等。某些指标虽然对耕地生产能力有很大影响，但获取比较困难，或者获取的费用比较高，当前不具备条件。如土壤生物的种类和数量、土壤中某种酶的数量等生物性指标。

（五）精简性原则

并不是选取的指标越多越好，选取的太多，工作量和费用都要增加，还不能揭示出影响耕地地力的主要因素。一般 8~15 个指标能够满足评价的需要。台前县选择的指标为 6 个。

（六）全局性与整体性原则

所谓全局性，要考虑到全县所有的耕地类型，不能只关注面积大的耕地，只要能在 1∶50 000 比例尺的图上能形成图斑的耕地地块的特性都需要考虑。而整体性原则，是指在时间序列上，会对耕地地力产生较大影响的指标。

二、评价指标选取方法

台前县的耕地地力评价指标选取过程中采用的是专家直接打分法。该方法的核心是充分发挥专家对问题的独立看法，然后归纳、反馈，逐步收缩、集中，最终产生评价与判断。基本过程包括以下几个方面。

（1）确定要判断和评价的问题。为了使专家易于回答问题，同时要提供有关背景材料。

（2）选择专家。为了得到较好的评价结果，通常需要选择对问题了解较多的专家 10~15 人。

（3）归纳、反馈和总结。收集到专家对问题的判断后应统一归纳，寻找出意见最为集中的范围，然后把归纳结果反馈给专家，让他们再次提出自己的评价和判断。反复 3~5 次后，专家的意见会逐步趋近一致，这时就可作出最后的分析报告。

三、台前县耕地地力评价指标选取

2011 年 9 月，台前县组织了市、县农业、土肥、水利等有关专家，对台前县的耕地地力评价指标进行逐一筛选。从国家提供的 65 个指标中选取了 6 项因素作为本县的耕地地力评价的参评因子。这 6 项指标分别为质地构型、有机质、有效磷、有效钾、灌溉保证率和排涝能力。

四、选择评价指标的原因

（一）立地条件

质地构型：台前县土壤质地全部为潮土亚类，土壤类型主要为轻壤质、中壤质、砂壤质、重壤质和少量砂质土壤，但由于台前县成土母质是黄河冲积物，质地构型相对复杂，不同质地构型的土壤生产能力差异性较大，如轻、中壤质土壤上的脱潮浅位厚黏小两合土、脱潮底黏小两合土、脱潮浅位黏两合土、脱潮浅位厚黏两合土，耕层土壤质地都是轻壤质和中壤质，但在 1 米土体内不同部位都有不同厚度的黏土层出现，比均质性构型，保水、保肥能力增强，对作物产量及土壤肥力都有直接影响。所以选择了质地构型作为本县的耕地地力评价的立地条件参评因子。

（二）耕层理化性状

（1）有机质。土壤有机质含量，代表耕地基本肥力，是平原土壤理化性状的重要因素，是土壤养分的主要来源，对土壤的理化、生物性质以及肥力因素都有较大影响。

（2）有效磷、速效钾。磷、钾都是作物生长发育必不可少的大量元素，土壤中有效磷、速效钾含量的高低对作物产量影响非常大，所以评价耕地地力必不可少。

（三）土壤管理

（1）灌溉保证率。水是作物生长发育的必需条件，也是影响肥力发挥的重要因素。台前县灌溉用水主要来源于河水和地下水，作物生长的关键时期，由于河水干枯、机井量少或提水方法受限等原因，不能满足作物对水分的需要，故选为耕地地力评价指标。

（2）排涝能力。排涝能力对耕地地力影响很大，在台前县由于地势低洼，又受金堤河上游客水影响，因强降水或客水致灾成涝的情况时有发生，面积较大，故考虑作为评价指标。

第三节 评价指标权重确定

一、评价指标权重确定原则

耕地地力受所选指标的影响程度并不一致，确定各因素的影响程度大小时，必须遵从全局性和整体性的原则，综合衡量各指标的影响程度，不能因一年一季的影响或对某一区域的影响剧烈或无影响而形成极端的权重。例如，灌溉保证率和排涝能力的权重。首先，考虑两个因素在全县的差异情况和这种差异造成的耕地生产能力的差异大小，如果降水较丰且不易致涝，则权重应较低。其次，考虑其发生频率，发生频率较高，则权重应较高，频率低则应较低。最后，排除特殊年份的影响，如极端干旱年份和丰水年份。

二、评价指标权重确定方法

（一）层次分析法

耕地地力为目标层（G 层），影响耕地地力的立地条件、耕层养分状况为准则层（C 层），再把影响准则层中各元素的项目作为指标层（A 层），其结构关系如图 5-1 所示。

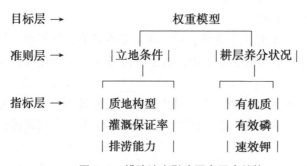

图 5-1 耕地地力影响因素层次结构

（二）构造判断矩阵

专家们评估的初步结果经合适的数学处理后（包括实际计算的最终结果-组合权重）反馈给各位专家，请专家重新修改或确认，确定 C 层对 G 层以及 A 层对 C 层的相对重要程度，共构成 C_1、C_2、C_3 共 3 个判断矩阵，详见表 5-1、

表5-2、表5-3。

表 5-1　耕地地力

耕地地力	土壤养分	立地条件	W_i
耕层养分	1.0000	0.3571	0.2632
立地条件	2.8000	1.0000	0.7368

注：判断矩形一致性比例为0；对总目标的权重为1

表 5-2　土壤养分

土壤养分	速效钾	有效磷	有机质	W_i
速效钾	1.0000	0.8333	0.5882	0.2564
有效磷	1.2000	1.0000	0.7042	0.3074
有机质	1.7000	1.4200	1.0000	0.4362

注：判断矩形一致性比例为$6.16×10^{-7}$；对总目标的权重为0.2632

表 5-3　立地条件

立地条件	排涝能力	灌溉保证率	质地构型	W_i
排涝能力	1.0000	0.6667	0.5000	0.2224
灌溉保证率	1.5000	1.0000	0.7692	0.3365
质地构型	2.0000	1.3000	1.0000	0.4411

注：判断矩形一致性比例为$6.14×10^{-5}$；对总目标的权重为0.7368

判别矩阵中标度的含义见表5-4。

表 5-4　判断矩阵标度及其含义

标度	含　义
1	表示两个因素相比，具有同样重要性
3	表示两个因素相比，一个因素比另一个因素稍微重要
5	表示两个因素相比，一个因素比另一个因素明显重要
7	表示两个因素相比，一个因素比另一个因素强烈重要
9	表示两个因素相比，一个因素比另一个因素极端重要
2、4、6、8	上述两相邻判断的中值
倒数	因素 i 与 j 比较得判断 b_{ij}，则因素 j 与 i 比较得判断 $b_{ji}=1/b_{ij}$

（三）层次单排序及一致性检验

求取 A 层对 C 层的权数值，可归结为计算判断矩阵的最大特征根 λ_{max} 对应的特征向量 W。并用 $CR=CI/RI$ 进行一致性检验。计算方法如下。

1. 将比较矩阵每一列正规化（以矩阵 C 为例）

$$\hat{c}_{ij} = \frac{c_{ij}}{\sum\limits_{i=1}^{n} c_{ij}}$$

2. 每一列经正规化后的比较矩阵按行相加

$$W_i = \sum\limits_{j=1}^{n} \hat{c}_{ij}, \ j = 1, \ 2, \ \wedge, \ n$$

3. 向量正规化

$$W_i = \frac{W_i}{\sum\limits_{i=1}^{n} W_i}, \ i = 1, \ 2, \ \wedge, \ n$$

所得到的 $W_i = [W_1, \ W_2, \ \wedge, \ W_n]^T$ 即为所求特征向量，也就是各个因素的权重值。

4. 计算比较矩阵最大特征根 λ_{max}

$$\lambda_{max} = \sum\limits_{i=1}^{n} \frac{(CW)_i}{nW_i}, \ i = 1, \ 2, \ \wedge, \ n$$

式中，C 为原始判别矩阵，$(CW)_i$ 表示向量的第 i 个元素。

5. 一致性检验

首先计算一致性指标 CI

$$CI = \frac{\lambda_{max} - n}{n - 1}$$

式中，n 为比较矩阵的阶，也即因素的个数。

然后根据表 5-5 查找出随机一致性指标 RI，由下式计算一致性比率 CR。

$$CR = \frac{CI}{RI}$$

表 5-5　随机一致性指标 *RI* 值

n	1	2	3	4	5
RI	0.58	0	0.58	0	0.22

根据以上计算方法可得以下结果。

将所选指标根据其对耕地地力的影响方面和其固有的特征，分为几个组，形成目标层—耕地地力评价，准则层—因子组，指标层—每一准则下的评价指标。

表 5-6 权数值及一致性检验结果

矩阵	特　征　向　量			CI	CR
矩阵 C_1	0.7368	0.2632		1.65×10^{-5}	0.000000000
矩阵 C_2	0.2564	0.3074	0.4362	6.84×10^{-7}	0.00000118
矩阵 C_3	0.2224	0.3365	0.4411	-9.7×10^{-6}	0.00000000

从表 5-6 中可以看出，$CR<0.1$，具有很好的一致性。

（四）层次总排序及一致性检验

计算同一层次所有因素对于最高层相对重要性的排序权值，称为层次总排序，这一过程是最高层次到最低层次逐层进行的。层次总排序结果见 5-7。

表 5-7 层次总排序结果

层次 C	立地条件	耕层理化	组合权重
	0.7368	0.2632	$\sum C_i A_i$
有效钾		0.0675	0.0675
速效磷		0.0809	0.0809
有机质		0.1148	0.1148
排涝能力	0.1639		0.1639
灌溉保证率	0.2479		0.2479
质地构型	0.3250		0.3250

层次总排序的一致性检验也是从高到低逐层进行的。如果 A 层次某些因素对于 C_j 单排序的一致性指标为 CI_j，相应的平均随机一致性指标为 CR_j，则 A 层次总排序随机一致性比率如下。

经层次总排序，并进行一致性检验，结果为 $CI = 6.535 \times 10^{-6}$，$CR = 0.00002940<0.1$，认为层次总排序结果具有满意的一致性，最后计算得到各因子的权重如表 5-8。

$$CR = \frac{\sum\limits_{j=1}^{n} c_j CI_j}{\sum\limits_{j=1}^{n} c_j RI_j}$$

表 5-8 各因子的权重

评价因子	质地构型	有机质	有效磷	速效钾	灌溉保证率	排涝能力
权重	0.3250	0.1148	0.0809	0.0675	0.2479	0.1639

第四节　评价指标隶属度

一、指标特征

耕地内部各要素之间与耕地的生产能力之间关系十分复杂，此外，评价中也存在着许多不严格、模糊性的概念，因此我们采用模糊评价方法来进行耕地地力等级的确定。本次评价中，根据指标的性质分为概念型指标和数据型指标两类。

概念型指标的性状是定性的、综合的，与耕地生产能力之间是一种非线性关系，这类指标可采用特尔菲法直接给出隶属度。

数据型指标是指可以用数字表示的指标，例如，有机质、有效磷和速效钾等。根据模糊数学的理论，台前县的养分评价指标与耕地地力之间的关系为戒上型函数。

对于数据型的指标也可以用适当的方法进行离散化（也即数据分组），然后对离散化的数据作为概念型的指标来处理。

二、指标隶属度

对地下质地构型、质地等概念型定性因子采用专家打分法，经过归纳、反馈、逐步收缩、集中，最后产生获得相应的隶属度。而对有机质、有效磷、速效钾等定量因子，首先对其离散化，将其分为不同的组别，然后采用专家打分法，给出相应的隶属度。

（一）灌溉保证率（表5-9）

概念型，无量纲指标。

表5-9　灌溉保证率隶属度

灌溉保证率	85%	70%	50%
隶属度	1	0.75	0.5

（二）排涝能力（表5-10）

概念型，无量纲指标。

表 5-10 排涝能力隶属度

排涝能力	10 年一遇	5 年一遇	3 年一遇
隶属度	1	0.75	0.5

(三) 质地构型 (表 5-11)

属概念型,有量纲指标,经专家打分,建立指标与隶属度的对应表。

表 5-11 质地构型隶属度

质地构型	隶属度	质地构型	隶属度
夹黏中壤	0.98	砂底中壤	0.75
均质中壤	0.98	夹黏砂壤	0.75
均质重壤	1	均质轻壤	0.74
壤身重壤	0.97	黏底砂壤	0.72
黏底中壤	0.96	夹砂中壤	0.55
夹壤重壤	0.95	砂身重壤	0.5
壤底重壤	0.94	夹砂轻壤	0.5
黏身中壤	0.97	夹壤砂土	0.45
夹黏轻壤	0.9	砂身中壤	0.4
黏身轻壤	0.88	均质砂壤	0.38
黏底轻壤	0.86	砂身轻壤	0.3
黏身砂壤	0.78	均质砂土	0.2
砂底重壤	0.75		

(四) 有机质 (表 5-12)

属数值型,有量纲指标。

表 5-12 有机质隶属度

有机质	>18	15~18	12~15	9~12	<9
隶属度	1	0.8	0.6	0.4	0.1

(五) 有效磷 (表 5-13)

属数值型,有量纲指标。

表 5-13 有效磷隶属度

有效磷	>25	19~25	13~19	7~13	<7
隶属度	1	0.8	0.6	0.4	0.1

（六）速效钾（表5-14）

属数值型，有量纲指标。

表5-14　速效钾隶属度

速效钾	>120	90~120	<90
隶属度	1	0.8	0.6

第五节　台前县评价样点和评价单元

为了确保本次耕地地力评价全面、客观、准确、完整，我们按照《测土配方施肥技术规范》和《耕地地力评价指南》要求，对全县2008—2010年的调查样点进行分析、剔除、精选，最后确定参与评价的样点数为5 823个，形成1 794个评价单元。基本上能代表全县耕地地力水平，能够对全县各乡镇、各土种耕地进行客观全面的评价。

第六章 耕地地力等级

第一节 耕地地力等级

本次耕地地力评价，结合台前县实际情况，选取 6 个对耕地地力影响比较大，区域内的变异明显、在时间序列上具有相对稳定性、与农业生产有密切关系的因素，建立评价指标体系。以 1：50 000 耕地土壤图、土地利用现状图叠加形成的图斑为评价单元，应用模糊综合评判方法对全县耕地进行评价。把台前县耕地地力共分 4 个等级。

一、计算耕地地力综合指数

用指数和法来确定耕地的综合指数，模型公式如下：

$$IFI = \sum Fi * Ci$$

$(i = 1, 2, 3, \cdots, n)$

式中，IFI（Integrated Fertility Index）代表耕地地力综合指数；F = 第 i 个因素评价；C_i = 第 i 个因素的组合权重。

具体操作过程：在县域耕地资源管理信息系统（CLRMIS）中，在"专题评价"模块中导入隶属函数模型和层次分析模型，然后选择"耕地生产潜力评价"功能进行耕地地力综合指数的计算（图 6-1、图 6-2）。

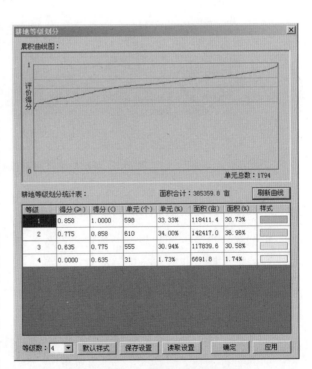

图 6-1 耕地地力等级分值累积曲线

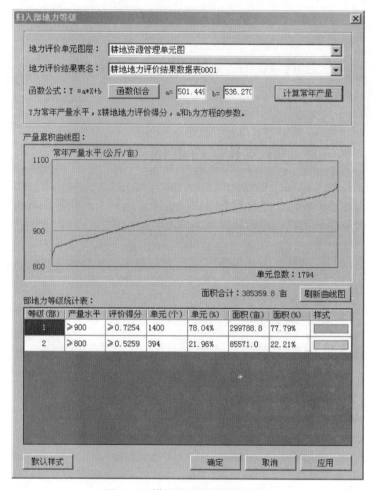

图 6-2 耕地地力产量累积曲线

二、确定最佳的耕地地力等级数目

根据综合指数的变化规律，在耕地资源管理系统中我们采用累积曲线分级法进行评价，根据曲线斜率的突变点（拐点）来确定等级的数目和划分综合指数的临界点，将台前县耕地地力共划分为四级，各等级耕地地力综合指数如表6-1所示。

表 6-1 台前县耕地地力等级综合指数

IFI	≥0.858	0.775～0.858	0.635～0.775	<0.635
耕地地力等级	一等	二等	三等	四等

三、台前县耕地地力等级及与国家等级对接情况

台前县耕地地力共分 4 个等级。其中一等地 118 411.4 亩，占全县耕地面积的 30.7%，二等地 142 417 亩，占全县耕地面积的 37.0%，三等地 117 839.6 亩，占全县耕地面积的 30.6%，四等地 6 691.8 亩，占全县耕地面积的 1.7%（表 6-2、表 6-3、表 6-4）。

表 6-2　耕地地力评价结果面积统计表

等级	一等地	二等地	三等地	四等地
面积（亩）	118 411.4	142 417	117 839.6	6 691.8
占总面积（%）	30.7	37.0	30.6	1.7

表 6-3　台前县耕地地力划分与全国耕地地力划分对接表

台前县耕地地力等级划分			全国耕地地力划分		
等级	潜力性产量		等级	概念性产量	
	千克/公顷	千克/亩		千克/公顷	千克/亩
1	≥14 240	≥950	1	≥13 500	≥900
2	13 500~14 240	900~950	1	≥13 500	≥900
3	12 000~13 500	800~900	2	12 000~13 500	800~900
4	10 500~12 000	700~800	2	10 500~12 000	700~800

表 6-4　台前县地力等级面积汇总表　　　　　　　单位：亩

等级	城关镇	打渔陈镇	侯庙镇	夹河乡	后方乡	马楼镇	清水河乡	孙口镇	吴坝镇	合计
1	15 373	6 262	3 137	5 374	26 835	34 358	2 805	15 941	8 325	118 411
2	1 846	27 770	30 158	20 100	6 512	23 529	10 889	3 287	18 325	142 417
3	0	27 852	22 910	11 007	3 998	11 361	23 950	4 882	11 880	117 840
4	0	416	430	383	0	579	4 359	382	144	6 692
合计	17 219	62 300	56 635	36 865	37 345	69 826	42 003	24 492	38 674	385 360

根据《全国耕地类型区、耕地地力等级划分》的标准，台前县一等地全年粮食水平 1 000 千克/亩左右，二等地全年粮食水平 900~1 000 千克/亩，台前县的一、二等地可划归为国家一等地；台前县三等地全年粮食水平 800~900 千克/亩，划归为国家二等地；台前县四等地全年粮食水平 700~800 千克/亩，划归为国家二等地。

第二节 台前县耕地生产潜力估算与计算

一、基于土壤类型的生产潜力估算

方法：以土属为统计单位，统计各土属类型上的前三年平均粮食年产量。并取前 20% 的粮食产量均值为最高产量，取该土属全部调查点的粮食产量均值为该土属的平均产量。最高产量与平均产量之差乘以该土属面积即为该土属的粮食生产潜力。土属粮食生产潜力之和即为该县耕地生产潜力估算值。

参考台前县二次土壤普查土壤图，该县土属共计五种，分别为两合土、淤土、砂土、盐化潮土、湿潮土。各土属面积如表 6-5 所示。

表 6-5 台前县土属面积统计表

土属名称	面积（亩）	土属名称	面积（亩）
两合土	187 280.24	盐化潮土	8 567.10
淤土	108 034.79	湿潮土	535.20
砂土	55 734.90	共计	360 152.23

（一）两合土生产潜力计算

该土属中粮食产量调查点共计 106 个，其编号和产量分别如表 6-6 所示。

表 6-6 两合土生产潜力

编号	产量（千克/亩）	编号	产量（千克/亩）
457631G20080912M002	1 080	457631G20080913M110	870
457600G20080921C106	1 050	457621G20080913J024	870
457608G20080922D452	1 050	457621G20080912J002	870
457608G20080922D471	1 040	457621G20080912J005	860
457608G20080922D472	1 030	457621G20080912J003	860
457608G20080922D454	1 020	457621G20080912J005	860
457601G20080914F145	1 010	457621G20080917W272	860
457601G20080914F178	1 010	457621G20080912J001	850
457608G20080922D474	1 010	457621G20080917W271	850
457631G20080912M001	1 000	457621G20080917W270	850
457601G20080914F179	1 000	457621G20080913J023	840
457608G20080922D473	1 000	457621G20080917W274	840
457608G20080922D453	1 000	457621G20080914W103	840
457608G20080922D475	1 000	457632G20080912Q004	830

（续表）

编号	产量（千克/亩）	编号	产量（千克/亩）
457608G20080922D455	1 000	457632G20080912Q002	830
457608G20080917D367	990	457633G20080914H141	830
457601G20080914F177	980	457633G20080922H364	830
457608G20080922D451	980	457621G20080915J083	830
457608G20080917D368	980	457621G20080915J080	830
457608G20080917D369	980	457621G20080915J082	830
457601G20080914F180	979	457621G20080912J004	830
457601G20080914F181	970	457621G20080917W273	830
457621G20080915J104	940	457621G20080914W114	830
457633G20080923H414	930	457633G20080923H415	820
457601G20080914F143	930	457621G20080914W115	820
457621G20080915J084	930	457621G20080914W118	820
457608G20080917D366	930	457632G20080912Q001	810
457608G20080917D370	930	457633G20080922H365	810
457621G20080913J021	920	457632G20080915Q228	800
457633G20080923H412	910	457621G20080915J103	800
457621G20080916W253	910	457621G20080915J081	790
457631G20080917M363	900	457621G20080915J105	790
457631G20080917M362	900	457621G20080914W117	790
457633G20080923H413	900	457632G20080915Q229	780
457621G20080913J020	900	457632G20080913Q044	780
457621G20080916W254	900	457633G20080914H139	780
457633G20080922H368	890	457633G20080914H140	780
457621G20080916W256	890	457608G20080918D400	780
457621G20080916W252	890	457621G20080915J106	780
457631G20080917M359	880	457621G20080914W116	780
457631G20080917M360	880	457632G20080915Q227	770
457631G20080917M361	880	457631G20080915M211	770
457631G20080913M113	880	457607G20080912S077	770
457632G20080912Q005	880	457632G20080915Q225	760
457633G20080928H660	880	457631G20080915M213	760
457633G20080928H661	880	457631G20080915M212	760
457633G20080928H662	880	457632G20080913Q041	760
457633G20080922H367	880	457608G20080918D399	760
457633G20080923H411	880	457632G20080915Q226	730
457633G20080922H366	880	457632G20080913Q043	730
457621G20080916W255	880	457633G20080914H138	730
457621G20080914W102	880	457633G20080914H137	730
457631G20080913M112	870	457632G20080913Q042	700

由表 6-6 的数据计算得出，产量居前 20% 的耕地其平均产量为 1 009 千克/亩，所有耕地平均产量为 873.86 千克/亩，则可得两合土土属所具有的生产潜力。

$$W_1 = (1\,010.5 - 873.86) \times 187\,280.24 = 25\,589\,971.99 \text{ 千克}$$

（二）淤土生产潜力计算

该土属中粮食产量调查点共计 54 个，其编号和产量分别如表 6-7。

表 6-7　淤土生产潜力

编号	产量（千克/亩）	编号	产量（千克/亩）
457631G20080915M210	920	457607G20080912S089	750
457631G20080915M209	930	457600G20080921C117	1 030
457631G20080913M114	880	457607G20080912S076	860
457631G20080913M111	860	457607G20080911S034	1 030
457631G20080912M003	1 080	457600G20080922C173	1 050
457632G20080912Q040	740	457607G20080911S030	1 030
457632G20080920Q306	850	457600G20080921C114	1 010
457631G20080912M004	980	457607G20080912S075	830
457632G20080920Q305	870	457607G20080912S088	810
457632G20080916Q303	860	457607G20080912S087	800
457631G20080912M005	980	457600G20080921C116	1 020
457632G20080916Q304	860	457600G20080921C115	1 100
457601G20080911F037	1 040	457600G20080922C172	1 030
457601G20080911F036	1 020	457600G20080921C113	1 000
457601G20080911F035	1 050	457607G20080912S085	840
457601G20080911F001	1 060	457607G20080912S074	760
457601G20080911F034	1 090	457607G20080912S086	760
457601G20080911F002	1 030	457600G20080922C174	1 140
457601G20080911F003	1 010	457600G20080922C175	1 030
457601G20080911F033	1 030	457607G20080912S073	770
457601G20080911F004	1 050	457600G20080922C176	1 060
457601G20080911F005	1 030	457600G20080922C209	860
457601G20080914F146	1 010	457600G20080922C207	850
457607G20080911S003	940	457600G20080922C208	840
457607G20080911S033	930	457600G20080922C206	860
457607G20080911S002	960	457600G20080921C105	1 000
457607G20080911S001	950	457600G20080922C205	850
457607G20080911S032	1 030	457600G20080921C104	1 030
457607G20080911S031	1 030	457600G20080921C103	1 030
457601G20080914F144	1 000	457600G20080921C102	1 010
457601G20080914F147	980	457608G20080918D397	930
457607G20080911S005	1 030	457608G20080918D396	870
457607G20080911S004	960	457608G20080918D398	860

由表6-7的数据计算得出，产量居前20%的耕地其平均产量为1 068.18千克/亩，所有耕地平均产量为950.61千克/亩。则可得淤土土属所具有的生产潜力。

$$W_2 = (1\ 068.18 - 950.61) \times 108\ 034.79 = 12\ 701\ 650.26\ 千克$$

（三）砂土生产潜力计算

该土属中粮食调查点位共计5个，其编号及对应产量如表6-8。

表6-8　砂土生产潜力

编号	产量（千克/亩）	编号	产量（千克/亩）
457632G20080912Q003	830	457621G20080914W100	850
457633G20080928H659	830	457621G20080914W101	760
457633G20080928H663	810	457621G20080914W104	780

其最高产量为850千克/亩，平均产量为810千克/亩，可得砂土土属所具有的生产潜力。

$$W_3 = (850 - 810) \times 55\ 734.90 = 2\ 229\ 396\ 千克$$

（四）盐化潮土生产潜力计算

该土属中粮食产量调查点为2个，其编号及对应产量如表6-9所示。

表6-9　盐化潮土生产潜力

编号	产量（千克/亩）	编号	产量（千克/亩）
457632G20080916Q302	1 030	457621G20080915J102	780

由于其调查点过少，无法以前面所述方法计算，且457632G20080916Q302点调查粮食产量过高，与盐碱地产量有相违背之处，推测为定位不准所致。故采纳457621G20080915J102点数据，以780千克/亩为该土属均产。其粮食生产潜力以平均产量的10%计。

$$W_4 = 780 \times 0.1 \times 8\ 567.10 = 668\ 233.8\ 千克$$

（五）湿潮土生产潜力计算

由于湿潮土土属中没有粮食调查点位分布，且由于其面积极小，不对县域粮食生产潜力造成显著影响，故忽略其粮食生产潜力。

台前县耕地生产潜力值计算

由以上计算可得，台前县的粮食生产潜力值为：

$$W = 25\ 589\ 971.99 + 12\ 701\ 650.26 + 2\ 229\ 396 + 668\ 233.8$$
$$= 41\ 189\ 252.05$$

≈4.12×10^{7}千克

二、基于县耕地地力等级的生产潜力评估

（一）一级耕地中调查点数量共计 88 个，其产量如表 6-10 所示

表 6-10 一级耕地调查点产量

名称	调查点	名称	调查点	名称	调查点	名称	调查点
1	900	23	880	45	1 030	67	1 050
2	880	24	880	46	1 000	68	930
3	900	25	1 010	47	930	69	1 040
4	880	26	1 030	48	980	70	1 030
5	880	27	1 050	49	1 030	71	1 030
6	930	28	910	50	960	72	1 010
7	880	29	890	51	1 030	73	1 000
8	1 080	30	1 030	52	1 030	74	930
9	980	31	1 010	53	1 050	75	980
10	1 000	32	900	54	1 030	76	980
11	980	33	1 010	55	1 010	77	1 010
12	1 030	34	930	56	1 020	78	1 000
13	880	35	980	57	1 100	79	930
14	880	36	1 000	58	1 030	80	1 000
15	880	37	1 010	59	1 000	81	1 020
16	1 040	38	970	60	1 140	82	1 000
17	1 020	39	940	61	1 030	83	860
18	1 050	40	930	62	1 060	84	900
19	1 060	41	960	63	1 050	85	880
20	880	42	979	64	1 000	86	890
21	1 090	43	950	65	1 030	87	910
22	1 030	44	1 030	66	980	88	890

则计算其耕地产量前 20% 的平均产量为 1 058 千克/亩，平均产量为 980 千克/亩。其中一等地面积为 122 762.54 亩，则计算一等地生产潜力为：

$$W_1 = (1\ 058 - 980) \times 122\ 762.54 = 9\ 575\ 478.12\ 千克$$

（二）二级耕地中调查点共计 65 个，其产量如表 6-11 所示

表 6-11 二级耕地调查点产量

名称	调查点	名称	调查点	名称	调查点	名称	调查点
1	1080	18	860	34	840	50	830
2	990	19	860	35	840	50	820
3	940	20	860	36	840	50	820
4	930	21	860	37	830	50	820
5	920	22	860	38	830	50	810
6	920	23	860	39	830	50	810
7	900	24	860	40	830	50	810
8	880	25	860	41	830	50	810
9	880	26	860	42	830	50	800
10	880	27	850	43	830	50	800
11	870	28	850	44	830	50	790
12	870	29	850	45	830	50	790
13	870	30	850	46	830	50	790
14	870	31	850	47	830	50	780
15	870	32	850	48	830	50	780
16	870	33	840	49	840	50	780
17	860						

产量居前 20% 的平均产量为 917.69 千克/亩，平均产量为 849.85 千克/亩，经计算，二等地所具有面积为 138 701.84 亩，则该等地所具有的粮食生产潜力为：

$$W_2 = (917.69 - 849.85) \times 138\ 701.84 = 9\ 409\ 532.83\ 千克$$

（三）三级耕地中调查点共计 27 个，其产量如表 6-12 所示

表 6-12 三级耕地调查点产量

名称	调查点	名称	调查点	名称	调查点	名称	调查点
1	770	8	770	15	780	22	770
2	800	9	740	16	730	23	780
3	730	10	700	17	730	24	760
4	760	11	730	18	750	25	850
5	780	12	760	19	760	26	760
6	760	13	780	20	760	27	780
7	760	14	780	21	770		

产量居前 20% 的平均产量为 798 千克/亩，平均产量为 762.96 千克/亩，经计算，三等地所具有的面积为 98 688.30 亩，则该等地所具有的粮食生产潜力为：

$$W_3 = (798 - 762.96) \times 98\ 688.30 = 3\ 458\ 038.03\ 千克$$

综上计算，基于县级耕地等级的台前县耕地具有粮食生产潜力的估算值为

3. 22×10⁷ 千克。

3.22×10^7 千克。

三、基于耕地质地构型的生产潜力估算

台前县质地构型共计 25 种，各构型及其对应面积如表 6-13 所示。

表 6-13 台前县质地构型及其对应面积

质地构型	面积（亩）	质地构型	面积（亩）	质地构型	面积（亩）
夹黏轻壤	1 645.80	均质砂壤	37 223.25	黏身砂壤	5 693.25
夹黏砂壤	957.90	均质砂土	8 580.45	黏身中壤	11 381.40
夹黏中壤	1 568.10	均质中壤	21 804.90	壤底重壤	3 045.90
夹壤砂土	594.45	均质重壤	67 817.55	壤身重壤	13 716.15
夹壤重壤	5 826.60	黏底轻壤	534.90	砂底中壤	4 840.80
夹砂轻壤	640.05	黏底砂壤	4 952.40	砂底重壤	11 164.65
夹砂中壤	524.10	黏底中壤	5 497.65	砂身轻壤	7 667.55
均质轻壤	122 245.49	黏身轻壤	1 102.50	砂身中壤	14 160.75
砂身重壤	6 966.15			共计	360 152.68

分布有粮食调查点位的质地构型共有 16 种，若粮食调查点位过少（<10个），其最高产量以平均产量的 110% 计，以此计算各质地构型的平均产量及最高产量如表 6-14 所示。

表 6-14 台前县质地构型及产量

质地构型	最高产量	平均产量	质地构型	最高产量	平均产量
夹黏轻壤	874	760	砂身轻壤	954.5	830
夹黏中壤	1 150	1 000	砂身中壤	1 009.125	877.5
夹壤重壤	1 127	980	砂身重壤	979.8	852
均质轻壤	1 000.714	862.3611	均质砂土		
均质砂壤	1 061.833	923.3333	夹砂中壤		
均质中壤	909.4583	790.8333	夹砂轻壤		
均质重壤	1 067	913.5417	夹壤砂土		
黏底砂壤	847.1667	736.6667	壤底重壤		
黏底中壤	1 067.58	805	夹黏砂壤		
黏身中壤	963.125	837.5	黏底轻壤		
壤身重壤	1 058	920	黏底砂壤		
砂底中壤	1 111.67	966.67	黏身轻壤		
砂底重壤	924.6	820			

对不具有粮食调查点的质地构型类型，采用"质地构型相似，生产潜力相似"的原则，结合该质地构型自身的增产能力水平，分别进行估算，得到质地构型单位面积生产潜力值以及生产潜力总值分别如表 6-15、表 6-16 所示。

表 6-15 质地构型及生产潜力

质地构型	生产潜力（千克/亩）	质地构型	生产潜力（千克/亩）
夹黏轻壤	76.00	砂身轻壤	83.00
夹黏中壤	80.00	砂身中壤	87.75
夹壤重壤	98.00	砂身重壤	85.20
均质轻壤	138.35	均质砂土	50.00
均质砂壤	92.33	夹砂中壤	80.00
均质中壤	79.08	夹砂轻壤	80.00
均质重壤	153.46	夹壤砂土	50.00
黏底砂壤	73.67	壤底重壤	80.00
黏底中壤	80.50	夹黏砂壤	80.00
黏身中壤	83.75	黏底轻壤	80.00
壤身重壤	92.00	黏身砂壤	80.00
砂底中壤	96.67	黏身轻壤	80.00
砂底重壤	82.00		

表 6-16 质地构型生产潜力总值

质地构型	面积（亩）	生产潜力（千克/亩）	生产潜力总值（千克）
夹黏轻壤	1 645.80	76.00	125 080.7937
夹黏砂壤	957.90	80.00	76 631.99617
夹黏中壤	1 568.10	80.00	125 447.9937
夹壤砂土	594.45	50.00	29 722.49851
夹壤重壤	5 826.60	98.00	571 006.7714
夹砂轻壤	640.05	80.00	51 203.99744
夹砂中壤	524.10	80.00	41 927.9979
均质轻壤	122 245.49	138.35	16 912 664.08
均质砂壤	37 223.25	92.34	3 437 194.733
均质砂土	8 580.45	50.00	429 022.4785
均质中壤	21 804.90	79.08	1 724 331.406
均质重壤	67 817.55	153.46	10 407 280.7
黏底轻壤	534.90	80.00	42 791.99786
黏底砂壤	4 952.40	73.67	364 843.2898
黏底中壤	5 497.65	80.50	442 560.8029
黏身轻壤	1 102.50	80.00	88 199.99559
黏身砂壤	5 693.25	80.00	455 459.9772
黏身中壤	11 381.40	83.75	953 192.2023
壤底重壤	3 045.90	80.00	243 671.9878
壤身重壤	13 716.15	92.00	1 261 885.737
砂底中壤	4 840.80	96.67	467 960.1126
砂底重壤	11 164.65	82.00	915 501.2542
砂身轻壤	7 667.55	83.00	636 406.6182
砂身中壤	14 160.75	87.75	1 242 605.75
砂身重壤	6 966.15	85.20	593 515.9503
共计	360 152.68		41 640 111.12

以上计算，基于质地构型计算的台前县生产潜力估算值为 $4.16×10^7$ 千克。

四、基于土种的生产潜力估算

二次土壤普查统计显示，台前县共计土种 32 种，其名称及面积如表 6-17 所示。

表 6-17 台前县土种及面积分布

土种	面积（亩）	土种	面积（亩）
壤质湿潮土	33.00	底黏小两合土	534.90
黏质湿潮土	502.20	腰黏两合土	450.45
中盐夹砂小两合土	640.05	腰黏小两合土	1 645.80
轻盐两合土	755.55	体壤淤土	13 716.15
轻盐夹砂两合土	524.10	体砂淤土	6 966.15
轻盐小两合土	3 262.95	底壤淤土	3 045.90
轻盐砂壤土	2 266.80	底砂淤土	11 164.65
轻盐腰黏两合土	1 117.65	淤土	67 315.35
两合土	21 049.35	腰壤淤土	5 826.60
体砂两合土	14 160.75	夹黏砂壤土	190.50
体砂小两合土	7 667.55	底黏砂壤土	4 952.40
体黏两合土	11 381.40	体黏砂壤土	5 693.25
体黏小两合土	1 102.50	砂壤土	34 956.45
小两合土	118 949.54	细砂土	8 580.45
底黏两合土	5 497.65	腰壤砂土	594.45
底砂两合土	4 840.80	腰黏砂壤土	767.40

在此 32 个土种中，具有粮食调查点位的土种为 17 个，有 15 个土种由于面积过小，以及调查的纰漏，未有粮食数据，鉴于此，不再进行进行基于土种的粮食生产潜力估算。

结语

基于以上 4 种估算方法，对比其估算结果可知，基于土属类型和质地构型的生产潜力估算结果较为接近，但是在以质地构型为基础的计算中由于较多质地构型不具有产量数据，所以结果的准确性有待商榷；基于耕地地力等级的粮食生产潜力估算值相对于前两种偏小，分析原因即在于同等耕地粮食产量差距不大，因此在利用计算书中所用计算方法使得单位面积生产潜力值普遍偏低。

综上可知，粮食调查点位的布设以及准确性对估算结果会有很大影响。台前县粮食耕地生产潜力为（2~4）×10^{7}千克。

第三节　台前县一等地的分布与主要特征

一、面积与分布

台前县一等地面积共有 118 411 亩，全县各乡镇均有分布。其中面积最大是马楼镇，其次是后方乡。

二、主要属性

一等地是全县最好的土地，耕性好，通透性也较好，耕层质地为中壤土和轻壤土，还有部分轻黏土及重壤土，保水保肥性能好，耕层土壤有机质含量平均为 14.65 克/千克，有效磷为 24.09 毫克/千克，速效钾为 148.36 毫克/千克（表 6-18、表 6-19）。

表 6-18　台前县一等地

乡镇	pH 值	有机质 （克/千克）	全氮 （克/千克）	有效磷 （毫克/千克）	缓效钾 （毫克/千克）	速效钾 （毫克/千克）	面积（亩）
城关镇	8.39	16.02	3.10	17.53	723.55	192.26	15 372.94
打渔陈	8.36	12.95	2.04	19.72	722.86	126.00	6 262.69
侯庙镇	8.27	15.55	1.01	25.36	885.93	107.67	3 137.26
后方乡	8.30	16.86	1.47	19.92	884.64	150.11	26 835.00
夹河乡	8.30	14.29	0.93	32.30	740.96	141.12	5 374.25
马楼镇	8.37	14.14	1.19	17.99	884.19	164.08	34 357.42
清水河	8.44	13.42	0.87	34.96	864.29	123.57	2 804.89
孙口镇	8.36	15.90	2.27	23.42	867.95	194.45	15 940.99
吴坝镇	8.17	12.68	1.08	25.58	593.07	136.00	8 325.39
平均	8.33	14.65	1.55	24.09	796.38	148.36	118 411

表 6-19　一等地主要质地构型及面积

质地构型	面积（亩）	质地构型	面积（亩）
夹黏轻壤	1 645.80	黏底轻壤	534.90
夹黏砂壤	957.90	黏底砂壤	4 952.40
夹黏中壤	1 568.10	黏底中壤	5 497.65
夹壤砂土	594.45	黏身轻壤	1 102.50
夹壤重壤	5 826.60	黏身砂壤	5 693.25
夹砂轻壤	640.05	黏身中壤	11 381.40
夹砂中壤	524.10	壤底重壤	3 045.90
均质中壤	21 804.90	壤身重壤	13 716.15
均质重壤	67 817.55	砂身重壤	6 966.15

三、合理利用

一等地作为全县的粮食稳产高产田，应进一步完善排灌工程，建设标准粮田，实行节水灌溉。平衡施肥，适当减少氮肥用量，补施钾肥，增施有机肥，增强秸秆还田力度，推广配方施肥，扩大配方施肥面积。

第四节　台前县二等地的分布与主要特征

一、面积与分布

台前县二等地面积共有 142 417 亩，全县各乡镇均有分布。其中面积最大是马楼镇，其次是后方乡。

二、主要属性

二等地也是全县较好的土地，耕层土壤质地以轻壤土为主，有部分中壤土，宜耕性及通透性都比较好，保水肥能力强，特别是其中的浅位厚黏小两合土、浅位厚黏两合土、底黏小两合土、底黏两合土，土壤性状较好，疏松易耕，砂黏适中，保水、保肥能力强，适种广泛。耕层土壤有机质含量平均为 12.98 克/千克，有效磷为 15.32 毫克/千克，速效钾为 138.71 毫克/千克（表 6-20、表 6-21）。

表 6-20　台前县二等地

乡镇	pH 值	有机质 （克/千克）	全氮 （克/千克）	有效磷 （毫克/千克）	缓效钾 （毫克/千克）	速效钾 （毫克/千克）	面积（亩）
城关镇	8.43	15.99	3.02	15.30	738.29	162.71	1 846.26
打渔陈	8.37	14.44	1.64	15.76	754.01	118.05	27 770.36
侯庙镇	8.26	12.90	1.75	15.77	730.99	113.45	30 157.61
后方乡	8.24	13.03	2.77	16.09	725.22	121.58	6 512.18
夹河乡	8.28	13.55	1.12	16.18	665.59	122.60	20 100.05
马楼镇	8.41	11.87	1.73	12.67	790.49	140.12	23 528.82
清水河	8.43	11.11	1.17	18.13	811.68	174.15	10 888.99
孙口镇	8.41	12.14	2.44	10.85	755.65	163.81	3 286.88
吴坝镇	8.19	11.75	1.08	17.11	599.45	131.92	18 325.26
平均	8.34	12.98	1.86	15.32	730.15	138.71	142 417

表 6-21　二等地主要质地构型及面积

质地构型	面积（亩）	质地构型	面积（亩）
砂底中壤	4 840.80	均质轻壤	122 245.49
砂底重壤	11 164.65		

三、合理利用

二等地是全县粮食高产、稳产区域，要进一步完善农田水利设施建设，实行完全保灌，加强秸秆还田力度，采取有效措施增施有机肥，提高土壤有机质含量进一步培肥地力。大力推广测土配方施肥技术，平衡施肥，保证粮食作物高产、稳产对养分的合理需求，进一步提高粮食作物单位面积产量，保证粮食生产的安全性。

第五节　台前县三等地的分布与主要特征

一、三等地的面积分布

台前县三等地面积共有 117 840 亩，全县各乡镇均有分布。其中面积最大是马楼镇，其次是后方乡。

二、三等地的主要属性

三等地主要为轻壤质土壤和砂壤质土壤上，有少部分轻黏土、中壤土和重壤土。三等地主要质地构型为砂身中壤代表面积 14 160.75 亩；砂身轻壤代表面积 7 667.55 亩。此类土壤通透性及宜耕性良好，土壤表层质地适中，下部有较厚砂土层，漏水漏肥，土壤肥力偏低。耕层土壤有机质含量平均为 12.42 克/千克，有效磷为 16.27 毫克/千克，速效钾为 115.80 毫克/千克（表 6-22、表 6-23）。

表 6-22　台前县三等地属性

乡镇	pH 值	有机质（克/千克）	全氮（克/千克）	有效磷（毫克/千克）	缓效钾（毫克/千克）	速效钾（毫克/千克）	面积（亩）
打渔陈	8.37	13.21	1.98	14.46	704.13	109.56	27 851.45
侯庙镇	8.26	11.62	0.83	11.84	694.27	75.16	22 910.00
后方乡	8.23	15.14	1.37	20.21	920.11	101.5	3 997.51
夹河乡	8.29	13.52	1.73	21.01	589.84	122.18	11 007.38
马楼镇	8.37	11.31	2.50	13.12	745.16	135.2	11 360.54
清水河	8.44	9.49	1.10	20.11	731.96	132.51	23 950.28
孙口镇	8.38	12.62	1.89	10.87	884.74	123.6	4 881.95
吴坝镇	8.26	12.48	1.06	18.50	629.86	126.7	11 879.93
平均	8.33	12.42	1.56	16.27	737.51	115.80	117 840

表 6-23　三等地主要质地构型及面积

质地构型	面积（亩）	质地构型	面积（亩）
砂身轻壤	7 667.55	砂身中壤	14 160.75

三、合理利用

三等地基本是在以粮食生产为主的粮食主产区，在保证灌溉能力的前提下，重点是增加土壤有机质含量，改善土壤结构，培肥地力，提高土壤基本肥力，平衡、科学施肥，提高耕地生产能力和粮食作物单位面积产量，保证全县粮食单产的平衡发展。

第六节　台前县四等地的分布与主要特征

一、四等地的面积与分布（表6-24）

表6-24　台前县四等地

乡镇	pH 值	有机质	全氮	有效磷	缓效钾	速效钾	面积（亩）
打渔陈	8.40	12.70	0.83	17.30	862.00	68.00	415.57
侯庙镇	8.30	9.40	4.08	11.00	446.00	121.50	430.32
夹和乡	8.20	10.90	0.71	6.00	477.00	96.00	382.79
马楼镇	8.30	11.65	4.22	11.55	671.50	158.50	578.71
清水河	8.46	6.57	0.53	12.03	678.89	116.17	4 358.70
孙口镇	8.40	10.50	0.68	6.90	1 011.00	224.00	382.08
吴坝镇	8.35	9.05	0.59	16.45	658.00	98.00	143.63

二、四等地主要属性

四等地质地构型主要为均质砂壤，代表面积37 223.25 亩；均质砂土，代表面积8 580.45 亩。部分为盐碱地，分布在孙口、打渔陈两镇和背河洼地，地势较低，易发生涝灾；部分为砂土地，分布在清水河乡，易发生旱灾。土质疏松，宜耕期长，耕作阻力小，土壤中以大孔隙为主，沙粒为主，通透性强，有机质易分解，保肥性能差，养分含量低，排水快，保水性差，易遭干旱，结构性差多以单状状态存在，春季有风沙为害，土温上升快，发小苗不发大苗，后期作物脱肥脱水严重，导致产量较低（表6-25）。

表6-25　四等地主要质地构型及面积

质地构型	面积（亩）	质地构型	面积（亩）
均质砂壤	37 223.25	均质砂土	8 580.45

三、合理利用

发展以粮为主，提高单产，以耐碱耐旱作物为主，增施有机肥，改良土壤的化学成分，发展渔业。抓好农业机械化建设，适时播种，有计划的进行改土，逐步改变某些土壤的不良性状，挖池抬田，发展渔业养殖。在利用上应大力植树造林，实行农林间作，种植耐旱耐瘠，需疏松通气的薯类、豆科作物。还有壤黏土层的沙土，由于壤黏土层具有托肥保水的作用，因此肥力较高，但对于夹层较薄及出现部位较深者主要表现沙土的性质。在利用上可进行翻淤压沙，进行质地改良。

第七章　耕地资源利用类型区

耕地地力评价实质是就地力评价指标对作物生长限制程度进行评价。通过地力评价，筛选各级行政区域的地力评价指标，划分、确定耕地地力等级，找出各个地力等级的主导限制因素，划分中低产田类型和耕地资源利用类型区，为耕地资源合理利用提供依据。

第一节　耕地地力评价指标空间特征分析

台前县耕地地力评价选取的评价指标有耕层质地构型、灌溉保证率、排涝能力、土壤有机质、有效磷、速效钾6个评价因子或评价指标。这些评价指标在县域及各乡镇的空间分布并非均匀，通过空间分布特征分析，以及各个评价指标在不同地力等级中比重的分析，为划分中低产田类型和耕地资源利用类型区提供依据。

一、质地构型

质地构型，是指对作物生长影响较大的1米土体内出现的不同土壤质地层次、厚度、排列。对耕层土壤肥力有重大影响，是土壤分类中土种一级的划分依据，表示不同的土种类型。如黏底砂壤土，腰、体、底黏小两合土和腰、体、底黏两合土，就是农民形象的说法"有底脚"，即在耕层以下的中、下部出现大于20厘米的黏土层，可明显提高土壤的保水保肥能力和肥力水平。对作物生长和单位面积产量有明显影响。

按不同的质地构型来说，一等地主要包括10个质地构型，主要有夹壤重壤、夹黏中壤、均质轻壤、均质中壤、壤底黏土、砂底中壤、黏底轻壤、黏底中壤、黏身轻壤、黏身中壤，其中均质中壤占一等地面积的38.48%，黏身中壤占一等地面积的20.08%，黏底中壤占一等地面积的18.83%。二等地包括11个质地构型，均质轻壤占到了82.47%。三等地包括9个质地构型，其中均质轻壤占到了90.29%。四等地包括8个质地构型，主要分布在均质轻壤、均质砂壤和均质砂土上。

二、灌溉保证率

台前县地处黄河冲积平原的中部，大地形平坦，排灌方便，水利设施基本完善。台前县灌溉保证率在 85% 以上的田块面积有 30 万亩，占总耕地面积 38.5 万亩的 77.9%，只有 2.37% 的田块灌溉保证率在 50% 以下。灌溉保证率低于 50% 的地块位于在吴坝镇的西北部，由于该地区引黄灌溉不及时造成灌溉保证率低下，有待于进一步完善引黄灌溉工程。

三、排涝能力

台前县年降水量在 562 毫米，但分布很不均匀，主要集中在 6—8 月，降水量达到全年的 62.7%，易造成涝灾。像台前县金堤河、背河洼地部分低洼地区，3 年一遇的涝灾面积为 7 000 亩，占总耕地面积的 1.82%。5 年一遇的涝灾面积 23 100 亩，占总耕地面积的 6.13%，而台前县 90% 以上的地块由于地势平坦，排水方便，不易发生涝灾。

四、耕层土壤养分

（一）有机质

土壤有机质含量代表土壤基本肥力，也和土壤氮含量呈正相关。有机质含量的多少，和同等管理水平的作物产量也显示明显的正相关，即有机质含量越高，单位面积产量越高，反之则降低。作为评价指标对不同等级的耕地都有所反映，如台前县一等地土壤有机质含量为 14.596 克/千克，二等地土壤有机质含量为 13.356 克/千克，三等地土壤有机质含量为 11.699 克/千克，四等地土壤有机质含量为 11.378 克/千克。在其分布方面也有相对的规律性，有机质含量较高的地块主要分布在中东部的轻壤质、中壤质土壤上的一、二、三等地范围，也是台前县高产、稳产粮食作物生产基地区域；四等地集中在黄河滩区砂质土壤上，有机质含量较低，主要集中在以小麦—花生种植为主的粮油生产区域。

（二）有效磷

磷是作物生长所需的大量营养元素之一，关系到根系的发育及作物产量，对氮元素也有相应的促进作用。台前县土壤有效磷含量在不同等级耕地上有明显差异，一等地土壤有效磷含量为 19.81 毫克/千克，二等地土壤有效磷含量为 17.40 毫克/千克，三等地土壤有效磷含量为 15.01 毫克/千克，四等地土壤有效磷含量为 14.82 毫克/千克。土壤有效磷含量与土壤质地关系明显，如台前县北部砂质土壤有效磷含量最低，而中壤土、重壤土含量最高。

(三) 速效钾

近几年台前县土壤速效钾含量下降较快,已成为农业生产中土壤养分的一个障碍因素,制约了作物产量及品质的提高。

台前县土壤速效钾含量在不同等级耕地上表现明显,一等地土壤速效钾含量为 101.9 毫克/千克,二等地土壤速效钾含量为 94.38 毫克/千克,三等地土壤速效钾含量为 81.87 毫克/千克,四等地土壤速效钾含量为 70.82 毫克/千克。在不同土壤质地方面表现为砂质土含量最低,中、重壤土含量最高,其规律趋势随着土壤质地的黏重程度而提高。

第二节 耕地地力资源利用类型区

台前县根据不同土壤类型、地形部位、自然条件、耕地地力评价选取的评价因子或评价指标,把全县耕地划分为 4 个不同的耕地资源利用类型区域。

一、中部粮林牧区

该区包括城关镇、后方乡东部,孙口镇北部和打渔陈镇西部,共 82 个行政村,92 个自然村,农业人口 8.7 万人,占全县农业人口的 27%。土地面积 98 平方千米,占全县面积的 25.9%,其中耕地面积 10 万亩,占全县耕地面积的 26%,人均耕地 1.15 亩,有效灌溉面积达 95%,旱涝保收面积达 90%。

该区主要土壤类型为淤土,土壤养分较丰富,潜在肥力较高,浅层地下水丰富,属于淡水,适于农田灌溉。但是土质黏重适耕期短,旱涝灾害多,经济作物面积小。

发展方向:以粮为主,猛攻单产,同时抓好经济作物,积极发展畜牧业。金堤河流经该区,堤岸高大,宜于发展林业。

主要措施:抓好农业的机械化,有计划地扩大经济作物,搞好水利建设,逐步改变土壤的不良性状。

二、东西部粮食经济作物区

该区位于县境东部和西部,包括吴坝镇和夹河乡和打渔陈镇东部及侯庙镇全境、后方乡的西部村庄,共 94 个行政村,全区农业人口 8.5 万人,占全县农业人口的 25.6%,土地面积 96.5 平方千米,占全县土地面积的 25.5%,其中耕地面积 11.5 万亩,占全县耕地面积的 30%,人均耕地 1.36 亩。

土壤以均质砂壤土为主,土壤结构差,保水保肥能力差,宜耕性好。土壤有机质含量和各种矿质养分含量较低。干旱、漏水漏肥是这一区域的主要障碍因素。该区农作物主要有小麦、大豆、玉米，粮食播种面积年均9万亩。

发展方向：该区宜于发展经济作物，应调整粮经种植比例和布局，集中连片发展以小麦、花生为基地的农业经济区，同时搞好防护林带和粮桐间作，积极发展畜牧业，搞好多种经营。

主要措施：提高技术水平，搞好科学种田，广开肥源培肥地力；提高复种指数，充分利用土地，实行间作套种。

三、黄河滩区粮林经济区

该区位于县境南部黄河滩区，包括清水河乡、马楼镇和孙口镇、打渔陈镇、吴坝镇和夹河乡的部分村庄，全区131个行政村，农业人口12.5万人，占全县农业人口的38%，土地面积152平方千米，占全县面积的40.3%，其中耕地面积12.9万亩，占全县耕地面积的33.5%，人均耕地1.03亩。

该区土壤是砂土、两合土为主，土质疏松，便于耕作，盛产花生。但是土壤瘠薄，保水保肥能力差，抗涝怕旱，地势较高，地下水位深，提水困难，在农业生产上突出问题是水利条件较差。水浇地面积小，肥力水平中等。因此，在耕地资源利用上狠抓农田基本建设。田、林、路、沟、渠、机电统一规划，合理布局。高标准严要求建设高产、稳产田，进一步改善水利条件，扩大灌溉面积，发展机械化，加深耕层，增施有机肥。

发展方向：以油促粮，大力发展林业，充分发挥花生、速生杨优势；其次是种好其它经济作物和耐旱作物，积极发展牛、羊、兔等畜牧业。

主要措施：充分发挥花生优势，搞好良种选育等工作，适当扩大棉花种植，提高农民经济收入；饲养家畜家禽，使作物秸秆还田，增加有机肥，提高自然抗旱能力；大力扩大速生杨种植面积，改变田间小气候；多种耐旱抗旱作物，少种高肥水作物。

四、背河洼粮渔区

该区位于临黄堤北，属背河洼地，包括孙口、后方、打渔陈3个乡镇的部分村庄，共29个行政村，农业人口3.3万人，土地面积31平方千米，占全县面积的8.2%，其中耕地4.1万亩，人均耕地1.24亩。该区多为盐碱地，地势较低，不发小苗，易发生涝灾不适于灌溉农田，产量较低。

发展方向：以粮为主，提高单产。以耐碱耐旱作物为主，增施有机肥，改良土壤的化学成分，发展渔业。

主要措施：抓好农业机械化建设，适时播种，有计划的进行改土，逐步改变某些土壤的不良性状，挖池抬田，发展渔业养殖。

第三节　中低产田类型

一、中低产田面积

此次耕地地力评价结果，台前县将耕地划分为 4 个等级，其中一等、二等地为高产田，耕地面积 26.1 万亩，占全县总耕地面积的 67.77%；三等地为中产田，面积 11.9 万亩，占全县总耕地面积的 30.93%；四等地为低产田，面积 6 691.8 亩，占全县总耕地面积的 1.74%。按照这个级别划分，台前县中低产田面积合计为 12.4 万亩，占全县基本农田总面积的 32.23%。

按照《全国中低产田类型的划分与技术改良规范》，结合本县耕地地力等级划分，将台前县的三等、四等耕地归属中低产田，共 12.4 万亩，占总耕地面积的 32.23%。按其形成原因，将全县中低产田划分为干旱灌溉和瘠薄培肥两个类型区，其中干旱灌溉类型区面积 3.6 万亩，占总耕地面积的 9.35%；瘠薄培肥类型区面积 8.8 万亩，占总耕地面积的 22.8%。

二、台前县中低产田类型区划

根据《全国中低产田类型的划分与技术改良规范》及本县中低产田形成原因，将全县中低产田划分为干旱灌溉和瘠薄培肥两个类型区。

（一）干旱灌溉改良类型区

1. 分布位置

该区主要分布在黄河嫩滩区，涉及清水河乡、马楼镇、打渔陈镇及夹河乡砂土地域。

2. 土壤类型

该区土壤以砂土、砂壤土为主，1 米土体内均为砂土或砂壤土，土质松散，结构不良，保水保肥能力差。此类土壤通透性及宜耕性良好，土壤表层质地适中，下部有较厚砂土层，漏水漏肥，土壤肥力偏低。

3. 养分状况

该区土壤有机质含量在 8.6~17.3 克/千克，平均为 13.6 克/千克，较全县平均低 1.6 克/千克；全氮含量在 0.548~1.144 克/千克，平均为 0.878 克/千克，较全县平均低 0.05 克/千克；有效磷含量在 13.9~38.4 毫克/千克，平均为 22.0 毫克/千克，较全县平均低 0.2 毫克/千克；速效钾含量在 67~195

毫克/千克，平均为99.2毫克/千克，较全县平均低34.8毫克/千克；缓效钾含量在479~1 113克/千克，平均为640毫克/千克，较全县平均低59毫克/千克。土壤养分与全县平均对比统计表7-1。

表7-1　台前县干旱灌溉改良类型区土壤养分与全县平均统计表

养分名称	有机质 （克/千克）	全氮 （克/千克）	有效磷 （毫克/千克）	速效钾 （毫克/千克）	缓效钾 （毫克/千克）
养分含量	13.6	0.878	22.0	99.2	640
全县平均	15.2	0.883	22.2	134	699

4. 形成原因

（1）耕作层形成较晚，且土壤质地偏砂，漏水漏肥，肥力较低。

（2）培肥地力意识低。该区土质松散，漏水漏肥，土壤养分含量低，粮食产量低，但群众为了获得较高的产量，因此，盲目一次性加大化肥投入量，而不注重土壤肥力的培养，导致该区地力偏低。

（3）该区地下水位较深，水利条件稍差，灌溉保证率在30%左右。由于耕地面积较大，地块集中，土壤偏砂，在干旱时灌溉频率较高，致使一部分耕地得不到有效灌溉。

5. 利用改良对策与建议

（1）改善水利条件设施，增加机井数量，扩大灌溉面积，同时推广节约灌溉技术，改大水漫灌为喷灌或滴喷，既节约用水，又提高水资源的利用率。

（2）增施有机肥、加大秸秆还田数量、改善土壤结构，注重土壤肥力的培养，合理施用化肥。改变重用地、轻养地，重无机、轻有机的不良生产习惯。

（二）瘠薄培肥改良类型区

1. 分布位置

主要分布在侯庙镇、打渔陈镇的东北部、孙口镇部分地区及临黄底背河洼地。

2. 土壤质地

由于本区所处的地形部位是背河洼地和槽形或碟型洼地，地势低洼，排水能力较弱，易受内涝。土壤以碱化潮土和盐化潮土为主，部分为盐碱地，分布在孙口、打渔陈两镇和背河洼地，地势较低，易发生涝灾。

3. 养分状况

该区土壤有机质含量在7.2~14.5克/千克，平均为11.2克/千克，较全县平均低4.0克/千克；全氮含量在0.504~1.1克/千克，平均为0.808克/千克，较全县平均低0.075克/千克；有效磷含量在14~31.7毫克/千克，平均为20.4

毫克/千克，较全县平均低 1.8 毫克/千克；速效钾含量在 53~130 毫克/千克，平均为 80.8 毫克/千克，较全县平均低 53.2 毫克/千克；缓效钾含量在 461~1 022 毫克/千克，平均为 667 毫克/千克，较全县平均低 32 毫克/千克。土壤养分与全县平均对比统计表 7-2。

表 7-2　台前县瘠薄培肥改良类型区土壤养分与全县平均统计表

养分名称	有机质 （克/千克）	全氮 （克/千克）	有效磷 （毫克/千克）	速效钾 （毫克/千克）	缓效钾 （毫克/千克）
养分含量	11.2	0.808	20.4	80.8	667
全县平均	15.2	0.883	22.2	134	699

4. 形成原因分析

由于该区地势低洼，排水不良，多为盐化和碱化潮土，加之土壤养分含量低，致使该区粮食产量一直处于中低产水平。

5. 利用改良对策与建议

（1）增施有机肥，增肥地力。对这类中低产田建议增施有机肥和加大秸秆还田数量、改善土壤结构，推广测土配方施肥技术，科学施用化肥，满足作物对各种养分的需要，从而提高耕地肥力。

（2）适时耕作，提高整地质量。减少旋耕面积，扩大深耕面积，结合施用有机肥料，提高土壤的通气透水和保墒抗旱能力。

（3）改善排灌条件。提高该区水利条件，健全排涝系统，大力发展节水灌溉，提高水资源利用率。

第八章　耕地资源合理利用的对策与建议

通过对台前县耕地地力评价工作的开展，全面摸清了全县耕地地力状况和质量水平，初步查清了台前县在耕地管理和利用、生态环境建设等方面存在的问题。为了将耕地地力评价成果及时用于农业生产，发挥科技推动作用，有针对性地解决当前农业生产管理中存在的问题，本章从耕地障碍因素与改良利用、耕地资源合理配置与提高农田管理概率、增强排涝能力等方面提出对策与建议，以确保台前县农业的稳定健康发展。

第一节　土壤障碍因素

土壤的障碍因素是指土壤中含有某些不利于作物生长发育的因素或缺乏某种营养元素，严重影响作物的生长发育。归纳起来台前县县耕地主要存在以下几个问题。

一、土壤盐碱化

盐碱为害是 20 世纪 50—70 年代影响台前县农业生产的主要障碍因素之一，到 1981 年土壤普查时，台前县仍有盐碱地 4.5 万亩，占总耕地面积的 12%。20 多年来，通过完善土地整治、田间排溉等农田基本建设，通过秸秆还田、有机肥施用、测土配方施肥等项目配套保障措施，台前县盐碱地得到了有效改良，作物产量成倍增长。

二、土壤偏砂偏黏

据统计，全县土壤质地偏砂的砂壤土面积有 2.4 万亩，占总耕地面积的 6.2%，典型的剖面型是均质砂壤，该类土壤 1 米以内土体为砂壤土，土壤剖面多呈灰褐色，结构差或无结构，中下部有锈纹锈斑，潜水埋深较浅，土壤地力差，保肥能力低，不耐旱。

全县耕层土壤质地偏黏的重壤土有 1.6 万亩，占总耕地的 4.2%，典型的剖面结构是均质重壤土，1 米内土体为重壤土、黏土，此类土壤质地黏重，耕性差，淤性大，不耐涝，通透性差。

三、土壤养分含量低

土壤瘠薄，养分含量低，也是影响台前县农业生产的重要因素。据化验统计，全县有机质属中等偏低水平。有机质含量小于 10 克/千克的面积占 5.3%。碱解氮含量在 50~60 毫克/千克的面积占 31.4%。有效磷含量小于 16 毫克/千克的面积占 13.4%。全县土壤不同程度地缺乏微量元素。

四、土壤养分不协调

一是有机肥施用量偏少，增加有机肥的投入、提高土壤有机质含量是培肥地力的重要措施。据统计蔬菜田平均施有机肥 17 070 千克/公顷，在有机肥的施用上有 40% 的农户直接施用新鲜或半腐熟的有机肥；二是过量施肥，导致土壤盐渍化、作物病害加重、产品质量下降；三是肥料配比不合理。据统计粮田年平均施用化肥实物量 2 140.5 千克/公顷，折合 N 442.5 千克/公顷，P_2O_5 243 千克/公顷，K_2O 21 千克/公顷，$N:P_2O_5:K_2O = 1:0.55:0.05$；蔬菜田年平均施用化肥实物量 5 871 千克/公顷，折合纯 N 852 千克/公顷，P_2O_5 672 千克/公顷，K_2O 408 千克/公顷，$N:P_2O_5:K_2O = 1:0.79:0.48$，与作物需要量相比明显不平衡。由于养分不协调，破坏了土壤结构和土壤养分平衡，导致盐渍化。

五、坚硬犁底层

随着农业生产的发展，一些小型的农机具增多。一般耕作深度在 15~20 厘米，这样长期耕作，势必造成坚硬犁底层出现。坚硬犁底层的容重增大，孔隙度减小。耕层以下的土壤则通透性较差，土壤结构坚实、物理性状差，土壤的蓄水保水能力差。

六、土壤的次生盐渍化

土壤次生盐渍化与地形、水文条件密切相关，在地势较高，排水较好的地方，土壤不易盐碱化。而低洼地区，如洼地的边缘，或缓平坡地的中下端，潜水埋深较浅，并由于排水不畅，盐分向地表聚积，极易盐碱化。在潜水位较高情况下，长期使用灌溉水的蔬菜大棚、大蒜地块，大水漫灌时，易产生次生盐渍化。再者，长期大量施用化肥，导致土壤盐分积累，也易产生次生盐渍化。因此，应当深挖排水沟，疏通沟渠，使之排水畅通，降低潜水位，使地表盐分下淋，并随水冲洗排走。同时应注意适用优质化肥，克服大水漫灌现象，做到合理用水。

第二节　土壤改良和培肥措施

改良和培肥土壤就是科学的管理土壤。根据化验结果分析，结合台前县土壤中存在的问题，因土因地制宜采取相应综合措施，使水、肥、气、热各肥力因素协调和建立一个良好的生态系统，进而不断提高土壤质量，以充分发挥其生产潜力。结合台前县实际情况，搞好土壤改良和培肥工作主要应从以下几个方面着手：增施有机肥料，培肥地力；合理灌溉，大力推广节水灌溉；用地养地相结合；深耕细作，改良土壤结构；大力推广配方施肥技术；科学合理施用微肥等方面，具体措施如下。

一、大力增施有机肥料，培肥地力

土壤肥力是土壤特有的一种性质，就是指在作物生长过程中，土壤不断供应和调节作物生长所需要的水、肥、气、热的能力。它们之间相互联系，相互制约，综合影响于作物，并且不能互相代替。提高土壤肥力，主要在于提高土壤中有机质含量，这是培肥土壤的关键。土壤有机质作为土壤养分丰缺程度的一个重要指标，根据台前县耕地地力评价结果，全县耕地土壤有机质属中等偏低水平，亟待进一步提高。要进一步提高有机质含量，应大力推广秸秆还田、发展畜牧业等广开肥源。

（1）推广秸秆还田。秸秆还田作为提升土壤有机质的一个重要途径，且台前县每年生产秸秆25万吨左右，除去造纸、发展畜牧业、养殖等外每年约有1/3的秸秆堆在田间地头，既占地、影响农村环境，又存在火灾隐患，还浪费了宝贵的秸秆资源。通过腐熟剂把剩余秸秆堆肥或直接还田，既可充分利用有机肥源，又能培肥地力，提高耕地质量，保护生态环境。通过实施，探索出了田间腐熟剂堆肥还田、玉米秸秆机械粉碎（+腐熟剂）直接还田、大蒜秸（+腐熟剂）直接还田三种模式。摸清了腐熟剂堆沤秸秆温度理化性状变化规律，筛选出了适宜本地的腐熟剂品种，研究出了秸秆（+腐熟剂）堆沤还田及秸秆（+腐熟剂）直接还田的使用技术及对作物的增产机制、土壤理化性状的动态变化规律，为大面积开展秸秆腐熟还田提供了技术支撑。同时改变了群众传统沤制习惯，提高了农技人员和广大农民的技术水平，取得了明显的经济、生态和社会效益。

（2）发展畜牧业，扩大有机肥源。畜禽肥是当前台前县有机肥料的重要来源。大力发展畜牧业可为农业提供更多的有机肥料，使现有施肥水平不断提高。同时要改进施肥技术，克服灰粪混积，忽视人畜尿肥的现象。避免粪坑漏水漏肥，使养分损失掉等。因此，应在大力发展畜牧业的同时，注意管好积好农家肥，畜拦圈要勤垫土，草木灰应单存单积，厕所经常打扫清理，实行随收随封的办法，同时要积造结合，广开肥源，并不断提高肥料的质量。为农田积造更多优质的有机肥料。

（3）增施饼肥。饼肥主要特点是含氮、磷养分较多，氮素养分主要是以蛋白质形态为主的有机态氮，蛋白质含量在 22% ~ 47%；磷素养分主要是卵磷脂成分，这些有机态的氮和磷只有被微生物分解后，作物才能吸收利用。所以，用饼类做肥料，一定要首先粉碎，然后加水，使其发酵、腐熟。饼肥在发酵过程中会发热，属于热性肥料，如果使用不当，会烧根而影响种子发芽。因此，最好是将饼肥和堆沤过的有机肥一同施入土中作底肥这样比较安全。堆沤好的有机肥料不仅肥力持续时间长，养分全面，可以缓慢释放养分，满足作物各生长期的需求，而且能改善土壤结构，增加土壤保水保肥能力和土壤中的空气含量，为有益的微生物菌群提供良好的生存环境，抑制病菌的存活，促进难溶性肥料的分解，使土壤有机质不断更新，土壤理化性状得到改善。

（4）合理轮作间作。轮（间）作是提高土壤有机质含量的可取方法。随着农业科技的进步，设施土壤的利用频率越来越高，然而土壤的有机质含量却入不敷出，成为设施蔬菜高产的一大制约因素。实行粮菜、粮肥合理轮作、间作，每 2 ~ 4 年穿插栽培一茬花生、大豆、红薯、马铃薯等作物，不仅可以保持和提高有机质含量，而且可以改善土壤有机质的品质，活化土壤微生物和腐殖质。

二、合理灌溉，大力推广节水灌溉

土壤水分的多少，不仅直接影响作物的生长发育，而且还影响着土壤肥力的发挥。因此合理灌溉，既能满足作物对水分的需求，又能洗碱，改良盐碱地。在潜水位高的地块，尽量避免大水漫灌，防止土壤盐渍化。具体做法就是淡水浇地、深沟排水。

（1）淡水浇地。台前县大部分盐碱地，不仅地薄肥力水平低，而且缺乏灌溉条件，因此要利用淡水冲洗盐碱。除靠自然降水外，还应积极发展井灌河灌，改善水利条件。采用平地围堰、淡水压碱的办法，使降落的雨水或灌溉的淡水，将盐碱地中的盐分下淋，达到逐步脱盐变成好地。台前县地势平坦，运用此法不仅能改良盐碱地，而且还能满足作物对水分的需要，收效较好。同样在旱季播种前，采用灌溉淡水冲洗盐碱，还可达到保苗效果。搞好灌溉，淡水洗碱，必须将土地整平，使之浇水均匀，深浅一致。大片土地不便整平的，可在中间起埂，做到大块土地不太平整但小块平整。

（2）深沟排水。这种办法适用于由于大水漫灌，沟内长期积水引起的次生盐渍化土壤以及潜水位较高，年周期变化不大，地势变化不大，地势比较低洼的地带。如侯庙、后方等乡镇的部分盐碱地类型均属此情况，由于蓄排水设施不配套，排水没有出路，抬高了潜水水位，引起返盐，造成盐碱为害。因此应当深挖排水沟，疏通沟渠，使之排水畅通，降低潜水位，使地表盐分下淋，并随水冲洗排走。同时应注意克服用大水漫灌浇田现象，做到合理用水。

三、用地养地相结合

长期以来，台前县在耕地开发利用上重利用、轻培肥，重化肥、轻有机肥，虽然全县化肥的施用量逐年增加，但有机肥投入量却逐年减少，且投入的化肥以氮磷肥为主，引起土壤养分特别是有机质含量的下降和矿物质养分的失衡，导致耕地肥力下降。全县具有土壤养分含量限制性因素，需要培肥的耕地总面积3.6万亩，占全县耕地总面积的9.5%，因此要持续提高中低产耕地的基础地力，必须将用地与养地妥善结合起来，广辟有机肥源，重视有机肥的施用，同时利用耕地调查评价成果，科学指导化肥的调配，采用科学优化平衡施肥，重视合理增施有机肥，不断培肥地力。农业生产不能采取掠夺式的生产方式，而应当注意合理用地，用养结合，不断培肥土壤，这是实现农业持续增产增收的主要途径。首先要改革不合理的耕作制度，我们这里习惯一年两作或两年五作，多为粮食作物及其他作物，很少种绿肥作物。因此，在人多地少复种指数较高的地方，豆料作物要有一定比例，并尽可能一至二年播种一季绿肥作物，做到用中有养。人少地多，土地瘠薄的地方，可以在一部分耕地实行一肥一粮，以利养地。俗话说："庄稼要好，三年一倒"，深刻反映了轮作换茬的好处，合理的间作套种，同样也可以培肥土壤。

合理轮作和间作套种对培肥土壤的作用是多方面的。首先它可以调节和增加土壤养分，因为不同作物对土壤养分的需要不同。有的作物需肥多，从土壤中带走的养分多，遗留给土壤的有机质也较少，地力的消耗就大，群众叫这类作物为"用地作物"，大多数粮食作物和经济作物就属于这种作物。而另一类作物由于它能固定空气中的游离氮素和利用土壤中难溶性的磷、钾和深层土壤养分，这类作物称为"养地作物"，豆科作物和绿肥作物就属于这种作物。连年单纯种"用地作物"，土壤养分消耗就越来越多，地就会愈来愈瘦。如果"用地作物"与"养地作物"合理轮作或是间作套种就可以调节或增加土壤养分，提高土壤有机质含量，使土壤愈种愈肥。其次，合理的轮作、间作套种还可以改良土壤的物理性质和水、气、热状况，此外，由于更换寄主、改变耕作方式和环境条件，有利于消灭或减轻杂草及病虫对作物的为害，减轻土壤水分和养分的无益消耗，从而又间接地起到了培肥土壤的作用。

在有条件的地方，要充分发挥"养地作物"的培肥改土作用，它是轮作倒茬提高土壤肥力的基础。因为它能固定空气中的游离氮素，直接增加了土壤中的氮素，同时还能释放土壤中难溶性的磷、钾养分。它们的根、茎、叶翻埋在土里，又能增加土壤的有机质的含量，从而全面改善了土壤的理化性状。

增施有机肥料，以保持土壤有机质的平衡和积累。真正做到合理用地，用地与养地相结合，促进农业生产的持续发展。

四、深耕细作，改良土壤结构

深耕细作能改良土壤的物理性状，是提高土壤肥力的重要关键。目前全县不少土壤物理性状不良，同时存在着各种不同的障碍因素，严重影响土壤水、肥、气、热的协调和作物的生长发育，这也是台前县土壤肥力不高的重要原因之一，必须采取有效措施，逐步加以改良。

首先应当逐步加深耕作层，熟化土壤。由于长期习惯浅耕，不少土壤在耕层下形成较坚硬的犁底层，致使作物根系发育受到限制。深耕细耙可破除犁底层，促进养分释放，改善土壤的有机质、氮素及其他养分含量，使土壤的蓄水供肥能力大大改善。目前全县耕层普遍偏浅（一般不足20厘米），都应当通过逐步深耕改良，或增加大型农机具扩大机耕，结合增施有机肥料，以促进土壤熟化，为作物创造肥沃的土壤条件。

其次应当深翻整平，破除障碍层。对于接近耕作层有黏土层或漏砂层的土壤，实行深翻，可以改良耕层土壤质地及破除障碍层次，提高土壤的保水保肥能力，能收到较好的改土培肥效果，同时应结合整平土地，增施有机肥料进行改良培肥。

另外还可因地制宜进行客土改良，主要是对耕层质地偏砂或者偏黏的土壤都可以利用客土改良质地，培肥土壤，即在偏黏的淤土地内搬运砂土来改良或在偏砂的砂土地内掺入淤土加以改良，亦可用砂土积肥施入淤地内，淤土积肥施入砂土地内逐年改良，都是行之有效的改良措施。

五、大力推广配方施肥技术

测土配方施肥是以土壤测试和肥料田间试验为基础，根据作物需肥规律、土壤供肥性能和肥料效应，在合理施用有机肥料的基础上，提出氮、磷、钾及中、微量元素等肥料的施用数量、施肥时间和施用方法。通俗地讲，就是在农业科技人员指导下科学施用配方肥。测土配方施肥技术的核心是调节和解决作物需肥与土壤供肥之间的矛盾。同时有针对性地补充作物所需的营养元素，作物缺什么元素就补充什么元素，需要多少补多少，实现各种养分平衡供应，满足作物的需要；达到提高肥料利用率和减少用量、提高作物产量、改善农产品品质、节省劳力、节支增收的目的。测土配方施肥工作，它是由一系列理论、方法、技术、推广模式等组成的体系，只有社会各有关方面都积极参与，各司其职，各尽其能，才能真正推进测土配方施肥工作的开展。农业技术推广体系单位要负责测土、配方、施肥指导等核心环节，建立技术推广平台；肥料生产企业、肥料销售商等搞好配方肥料生产和供应服务，建立良好的生产和营销机制。

不同作物的施肥指导体系如下（表8-1、表8-2、表8-3、表8-4）。

表8-1　小麦不同生产条件下的推荐施肥量

目标产量（千克/亩）	N（千克/亩）	推荐施肥量（千克/亩）					
		P_2O_5			K_2O		
		土壤有效磷（毫克/千克）			土壤速效钾（毫克/千克）		
		<15	15~30	>30	<75	75~100	>100
350	10~12	6~7	5~6	4~5	5	0	0
400	12~14	8	7	6	6	5	0
500	13~15	9	8	7	8	6	5

表8-2　大蒜不同生产条件下的推荐施肥量

作物	产量水平（千克/亩）	氮肥用量（千克/亩）	磷肥用量（千克/亩）			钾肥用量（千克/亩）		
			土壤中有效磷含量（毫克/千克）			土壤中速效钾含量（毫克/千克）		
			<15	15~30	>30	<100	100~150	>150
大蒜	1 500	24	10	7	5	15	10	5
	2 000	28	12	10	7	20	15	10

表8-3　玉米不同生产条件下的推荐施肥量

目标产量（千克/亩）	N（千克/亩）	推荐施肥量（千克/亩）					
		P_2O_5			K_2O		
		土壤有效磷（毫克/千克）			土壤速效钾（毫克/千克）		
		<15	15~30	>30	<75	75~100	>100
400	10~12	0	0	0	5	0	0
500	12~14	2.5	1.5	0.5	6	5	5
600	14~16	4	3	2	8	8	6

表 8-4　棉花不同生产条件下的推荐施肥量

目标产量（皮棉）（千克/亩）	N（千克/亩）	推荐施肥量（千克/亩）					
		P_2O_5			K_2O		
		土壤有效磷（毫克/千克）			土壤钾（毫克/千克）		
		<15	15~30	>30	<75	75~100	>100
60	10~12	5	4	3	6	5	0
80	12~14	6	5	4	7	6	0
100	14~16	7	6	5	8	7	5

按照以上四种作物，在不同地力情况进行施肥，可使农作物大幅度增产，从而实现增产增效的目的。这是一种定量的施肥方法。它的优点是改善土壤生态环境，科学合理培肥地力，并且节约施肥成本，是一种改良土壤的重要措施。

六、科学合理施用微肥

微量元素包括锌、硼、钼、锰、铁、铜六种元素。都是作物生长发育必需的，仅仅是因为作物对这些元素需要量极小，所以称为微量元素。在 20 世纪五六十年代以施用有机肥为主，化肥为辅的情况下，微量元素缺乏并不突出，随着大量元素肥料施用量成倍增长，作物产量大幅度提高，加之有机肥料投入比重下降，土壤缺乏微量元素状况也随之加剧。但是不同土壤质地，不同作物对微量元素的需求存在差异，应根据土壤微量元素有效含量确定其丰缺情况，做到缺素补素。一般情况下，在土壤微量元素有效含量低时易产生缺素症，所补给的微量元素才能达到增产效果。

第三节　科学施肥

肥料是农业生产的物质基础，是农作物的粮食。科学合理地施用肥料是农业科技工作的重要环节。为能最大限度地发挥肥料效应，提高经济效益，应按照作物需肥规律施肥，用地与养地相结合，不断培肥地力。但又必须考虑影响施肥的各个因素，如土壤条件、各作物需肥规律、肥料性质等，并结合相关的农业技术措施进行科学施肥。

一、提高土壤有机质含量、培肥地力

土壤肥力状况是决定作物产量的基础，土壤有机质含量代表土壤基本肥力

情况，必须提高广大农民对施用有机肥的认识及施肥积极性，充分利用有机肥源积造、施用有机肥。推广小麦高留茬，麦秸、麦糠覆盖技术，充分利用秸秆还田机械，增加玉米秸秆还田面积及还田量，提高耕地土壤有机质含量，改善土壤结构，增强保水保肥能力。特别是中、低产田，更需要注重土壤有机质含量提高，培肥地力，提高土壤对化肥的保蓄能力及利用效率，以有机补无机，降低种植业成本，减少环境污染，保证农业持续发展，提高农业生产效益。

二、推广测土配方施肥技术，建立施肥指标体系

测土配方施肥是提高农业综合生产能力，促进粮食增产、农业增效、农民增收的一项重要技术，是国家的一项支农惠农政策。按照"增加产量、提高效益、节约资源、保护环境"的总体要求，围绕测土、试验、示范、制定配方、企业参与、施肥指导等环节开展一系列的工作。为建立健全施肥指标体系，指导农民合理施肥，提供科学依据。

1. 土壤肥力监测

按照项目方案要求，对全县耕地各类土壤，按年度合理布置土样采集样点，按规程采集土壤样品，对土壤样品进行化验分析，摸清全县耕地肥力状况及分布规律，掌握耕地土壤供肥能力。

2. 安排田间肥效试验

按照农业部项目规程要求，在不同土壤类型，不同肥力有代表性的地块，安排小麦、玉米、花生等作物田间肥效试验。通过对各项试验的汇总、分析、计算，找出最佳施肥配方，肥料利用率，基肥、追肥比例，合理施肥时间，最大、最佳施肥量等参数。

3. 施肥指标体系

组织有关农业技术专家，对测土取得的土壤肥力状况，分布规律，田间肥效试验获取的各项参数，结合作物需肥规律，当地农业施肥的多年经验，针对不同区域，不同土壤类型，不同作物制订施肥配方，建立施肥指标体系，为广大农民提供科学施肥依据。通过印发施肥建立卡、施肥技术资料、媒体宣传等多种形式推广宣传到广大农户。

三、引导企业参与项目的实施工作

测土配方施肥，最终目的是让农民科学地对农作物施用肥料，提高农产品产量。按上级要求，让企业参与项目的实施工作，充分发挥企业优势，选定好的肥料生产企业。土肥部门为生产企业提供配方，让企业根据配方制定方案，配制生产配方肥或复合肥料。按选定企业在本县的优势代理商，组建配方肥配

送中心，土肥技术部门配合配送中心，进行宣传，提供技术指导，由配送中心按区域优惠供应农民施用配方肥或复合肥，形成测、配、产、供、施完整的施肥技术服务体系。

四、加大测土配方施肥宣传力度

测土配方施肥技术是当前世界上先进的农业施肥技术的综合，是联合国向世界推行的重要农业技术，是农业生产中最复杂、最重要的技术之一。让广大农民完全理解接受这项技术有相当的难度，要组织全县土肥技术和各级农业技术人员，逐级培训宣传到广大农民，通过长期的下乡入户、田间地头、媒体宣传、印发施肥技术资料等方式对广大农民进行施肥技术指导，让农民按测土配方施肥技术进行科学施肥、合理施肥，形成对测土配方施肥广泛的社会共识，保证农业增产、农民增收。

第四节　耕地质量管理

由于台前县地处平原，人多地少，后备资源匮乏，要获得更多的产量和效益，提高粮食综合生产能力，实现农业可持续发展，就必须提高耕地质量，依法进行耕地质量管理。现就加强耕地管理提出以下对策和建议。

一、依法对耕地质量进行管理

要根据《中华人民共和国土地管理法》《中华人民共和国基本农田保护条例》，建立严格的耕地质量保护制度，严禁破坏耕地和损害耕地质量的行为发生，建立耕地质量保护奖惩制度，完善各业用地的复耕制度，确保耕地质量安全及农业生产基础的稳定。

二、改善耕作质量

农户分散经营和小型农机具的施用，使耕地犁底层上移，耕层变浅，使耕地土壤对水肥的保蓄能力下降，植物根系发展受到限制，影响作物产量的提高。要倡导农户联片的耕作方式便于大型拖拉机的使用，改变犁具加深耕作层，提高土壤保水保肥能力，增加土壤矿质养分的转化利用能力，提高耕地基础肥力，保证耕地质量的良性循环。

三、扩大绿色食品和无公害农产品的生产规模

随着人类生活水平的提高，对食品和农产品的质量要求日渐提高。要强化

防止灌溉用水及重金属垃圾对土壤的污染。严禁化肥和有害农药的超标准施用，避免残留物对土壤的污染，塑料制品对土壤的侵害，影响植物根系的发展。扩大绿色食品和无公害农产品的生产基地，使产品和食品生产有可靠的保证，用产品质量提高农业生产效益。

附　　件

一、台前县耕地地力评价工作领导小组

为了确保项目工作高标准、高质量地落实完成，在接受这项工作后，我们立即成立了台前县耕地地力评价工作领导小组，负责组织协调、任务落实、资金安排、工作规划的制定等工作。

组　长：王　坤（台前县副县长）

副组长：刘　锐（台前县人民政府办公室主任）

　　　　张鲁海（台前县农业局局长）

成　员：张　峰（台前县水利局局长）

　　　　王守义（台前县林业局局长）

　　　　张传玉（台前县国土局局长）

　　　　郭　宁（台前县气象局局长）

　　　　岳喜彦（台前县民政局局长）

　　　　孙庆宏（台前县交通局局长）

　　　　高绍青（台前县统计局局长）

领导小组下设办公室，办公室设在农业局，邵长山同志任办公室主任。

二、台前县耕地地力评价工作技术组

技术小组由县农业局有实践经验的技术人员组成，具体负责实施方案的制定、技术指导、质量控制以及自查自检工作。

组　长：邵长山（台前县农业局党组成员）

副组长：丁传峰（台前县土肥站站长、高级农艺师）

成　员：田　丰（台前县农技站站长、高级农艺师）

　　　　郭宪振（台前县植保站站长、高级农艺师）

　　　　李明会（台前县种子管理站站长）

　　　　刘广刚（台前县种植科科长）

技术小组下设办公室，办公室设在土肥站，丁传峰任办公室主任。

三、台前县耕地地力评价工作顾问组

由台前县领导小组协调安排，聘请吕天民、丁学海、梁邦英为技术顾问。具体负责"台前县耕地地力评价实施方案"的制定，提供技术服务，指导并参与耕地地力评价工作。

顾问组：吕天民　高级农艺师（参加第二次土壤普查）

　　　　丁学海　高级农艺师

　　　　梁邦英　高级农艺师

四、技术依托单位

由河南省土肥站统一安排，委托郑州大学完成台前县的数字化制图和空间数据库建设的工作。

五、大事记

（1）2011 年 3 月 22—31 日，河南省土肥站在郑州举办耕地地力评价培训班，台前县土肥站站长和 1 名技术人员参加。

（2）2011 年 4 月 26 日，台前县人民政府成立耕地地力评价领导小组。

（3）2011 年 4 月 28 日，台前县农业局成立台前县耕地地力评价工作领导小组。

（4）2011 年 6 月 27—28 日，河南省土肥站在郑州举办耕地地力专题评价培训会，台前县土肥站 1 名副站长和 1 名技术人员参加。

（5）2011 年 8 月 29—31 日，河南省土肥站在新乡举办耕地地力评价指标体系建立分区培训班，台前县土肥站 3 名技术人员参加。

（6）2011 年 9 月 26—28 日，河南省土肥站在郑州举办县域耕地地力资源管理信息系统操作培训班，台前县土肥站 2 名技术人员参加。

（7）2011 年 10 月 31 日至 11 月 3 日，河南省土肥站在郑州举办耕地地力评价报告编写培训班，台前县土肥站 2 名技术人员参加。

（8）2011 年 11 月 14—19 日，河南省土肥站在郑州组织到扬州参加全国耕地地力评价培训会，台前县土肥站 2 名技术人员参加。

六、资料收集与说明

（一）相关资料

（1）《台前县志》（1996 年 12 月，台前县地方史志编纂委员会编制），由台前县农业局提供。

（2）《台前辞典》（2006 年 11 月，《台前辞典》编辑委员会编制），由台前县农业局提供。

（3）《台前县土壤志》（1986 年 6 月，台前县土壤普查办公室、濮阳市土壤普查办公室联合编制），由台前县土肥站提供。

（4）台前县生态农业工程建设规划（2005 年 6 月，台前县农业局），由台前县农业局提供。

（5）台前县土地资源与利用。由台前县国土资源管理局提供。

（6）《台前县水利志》（1983—2006 年），2007 年 10 月由《台前县水利志》编纂委员会编制。

（7）台前县第二次土壤养分分布图（1986 年 6 月，台前县土壤普查办公室、濮阳市土壤普查办公室联合编制），由台前县土肥站提供。

（8）台前县 1949—1990 年、2001—2006 年、2009、2010 年统计年鉴，由台前县统计局编辑、提供。

（9）台前县 1991—2010 年统计年鉴，由台前县统计局编辑、提供。

（10）台前县 30 年气象资料（1971—2000 年），由台前县气象局提供。

（11）台前县 2008—2010 年测土配方施肥项目技术总结专题报告，由台前县土壤肥料工作站提供。

（12）台前县 2008—2010 年 6 400 个土样，土壤化验结果，由台前县土壤肥料工作站提供。

（二）相关图件

（1）台前县土壤图（比例尺 1∶50 000）（1986 年 7 月，台前县土壤普查办公室、濮阳市土壤普查办公室），由台前县土壤肥料工作站提供。

（2）台前县土地利用现状图（比例尺 1∶50 000）（台前县国土资源管理局绘制），由台前县国土资源管理局提供。

（3）台前县行政区划图（比例尺 1∶50 000）（台前县民政局绘制），由台前县农业局提供。

（4）台前县水利工程现状示意图（比例尺 1∶100 000），由台前县水利局提供。

（5）台前县旱涝保收田工程示意图（比例尺 1∶100 000），由台前县水利局提供。

附 图

附图 1 河南行政区划图

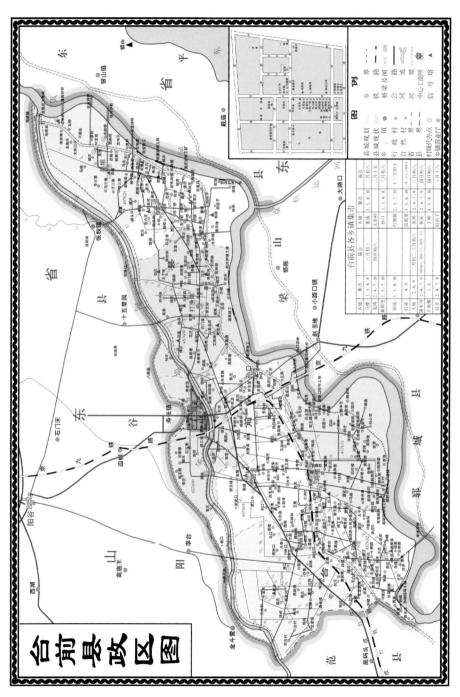

附图 2　台前县政区图

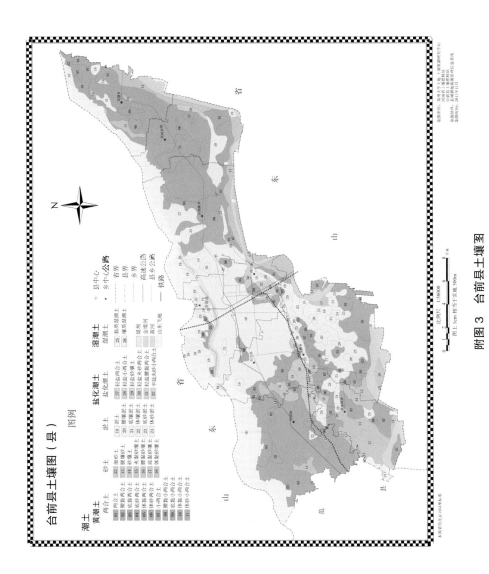

附图 3　台前县土壤图

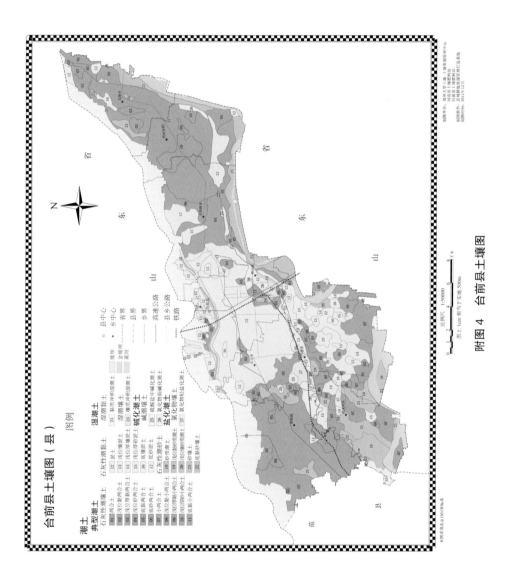

台前县土壤图（县）

附图 4　台前县土壤图

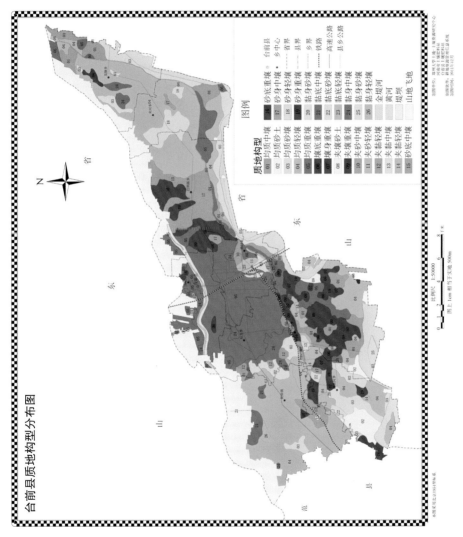

附图 5　台前县土壤质地构型图

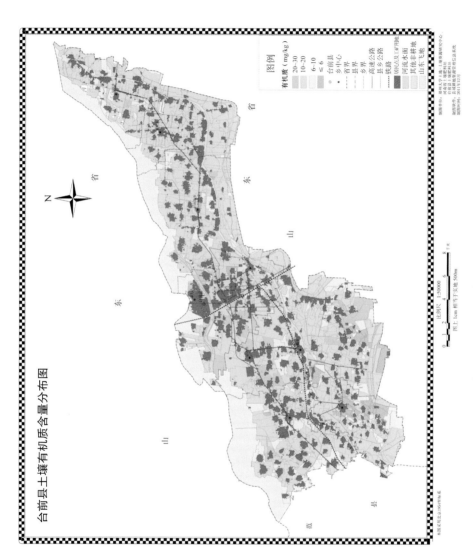

台前县土壤有机质含量分布图

附图 6　台前县土壤有机质含量分布图

108

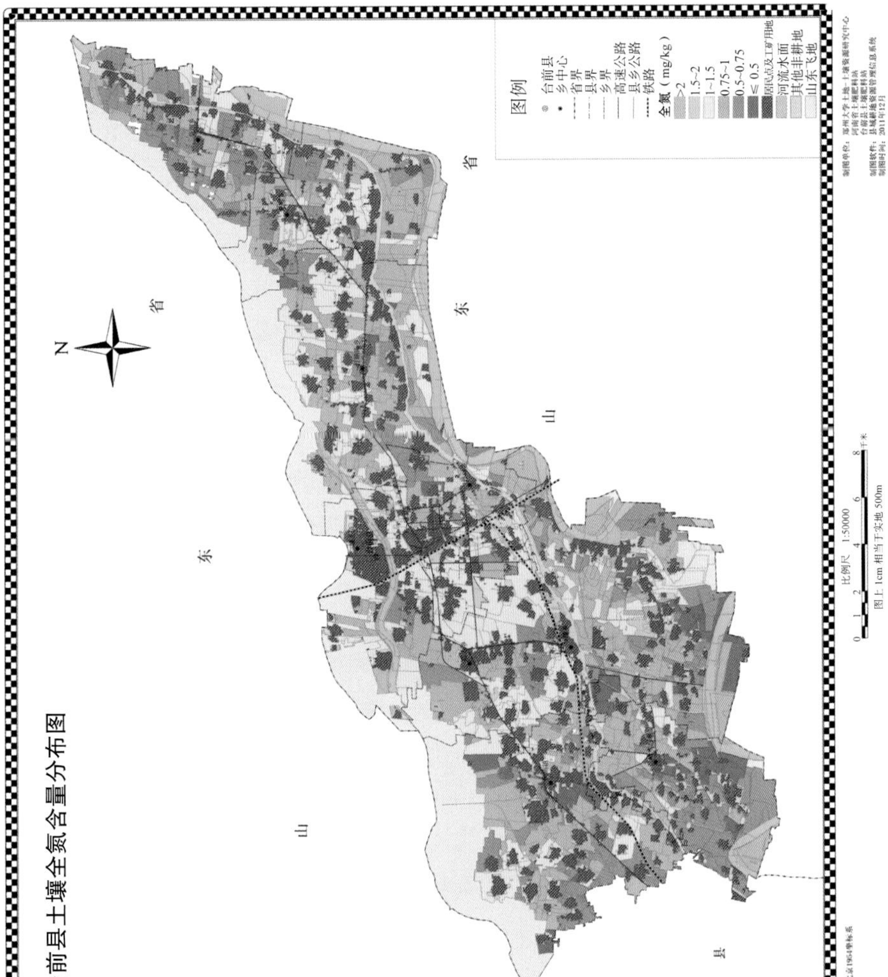

台前县土壤全氮含量分布图

附图 7　台前县土壤全氮养分分布图

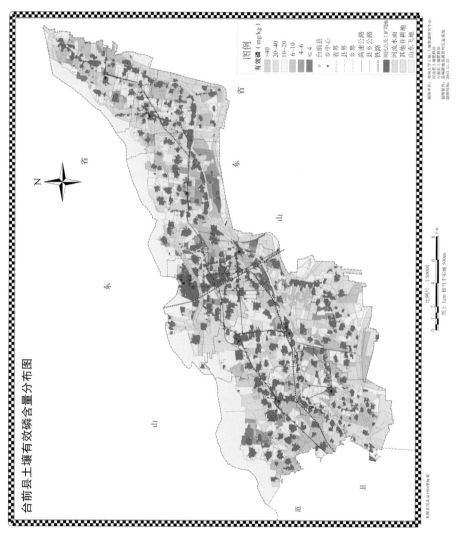

台前县土壤有效磷含量分布图

附图 8 台前县土壤有效磷分布图

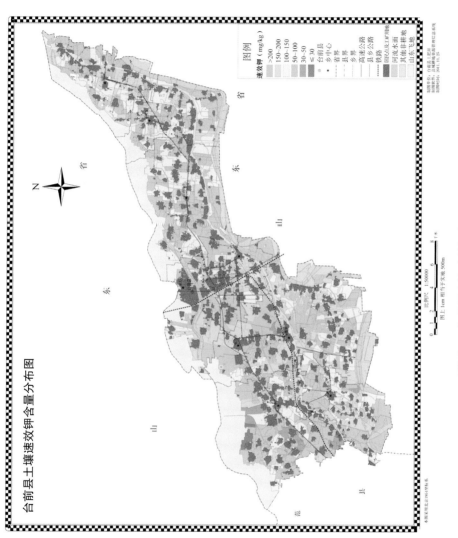

附图 9　台前县土壤速效钾含量分布图

111

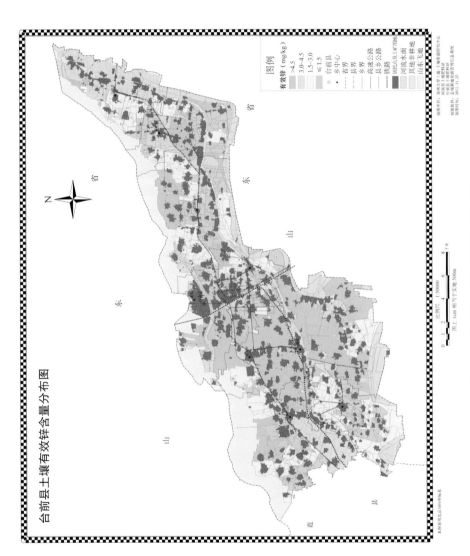

台前县土壤有效锌含量分布图

附图 10　台前县土壤有效锌含量分布图

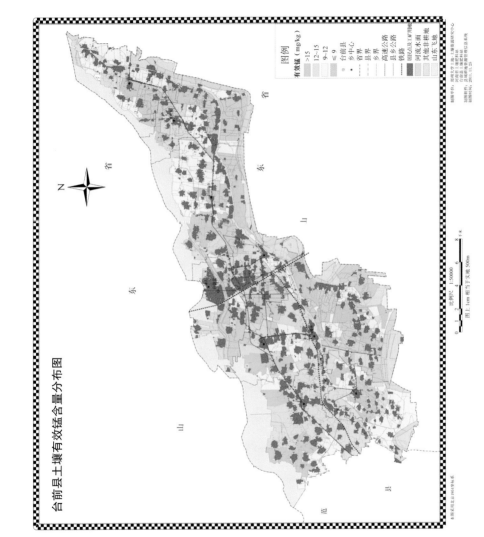

台前县土壤有效锰含量分布图

附图 11 台前县土壤有效锰含量分布图

113

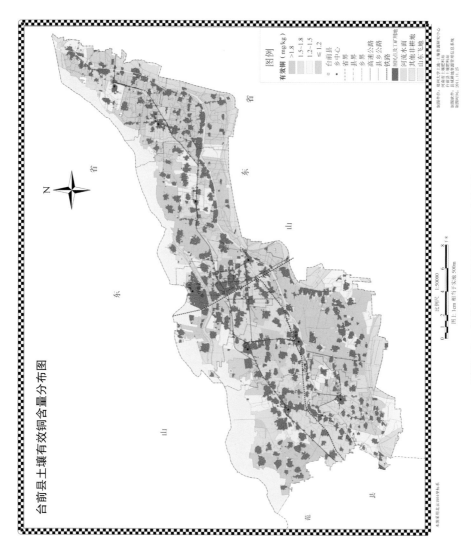

台前县土壤有效铜含量分布图

附图 12　台前县土壤有效铜含量分布图

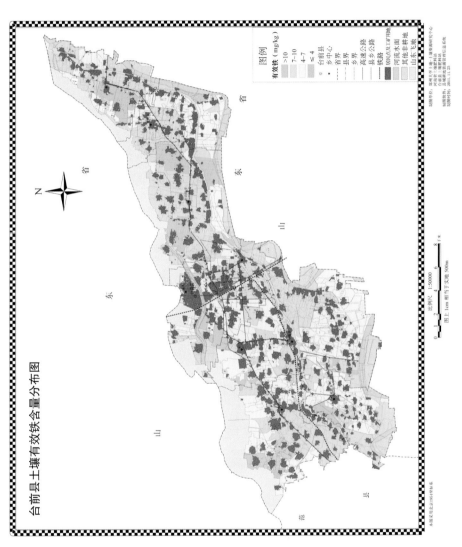

台前县土壤有效铁含量分布图

附图 13　台前县土壤有效铁含量分布图

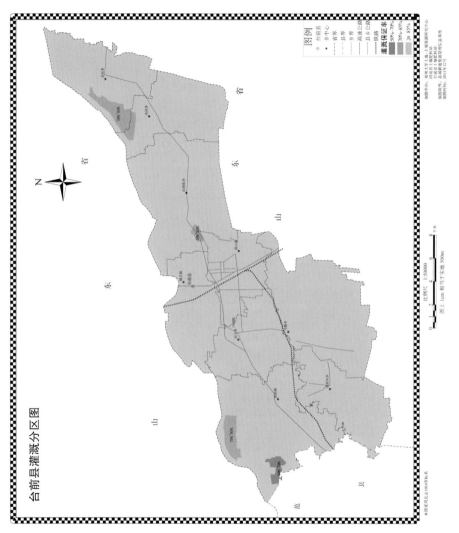

附图 14　台前县灌溉分布图

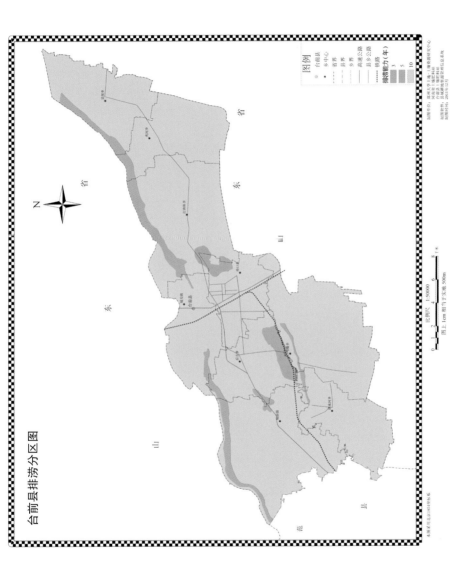

附　图

附图15　台前县排涝分布图

117

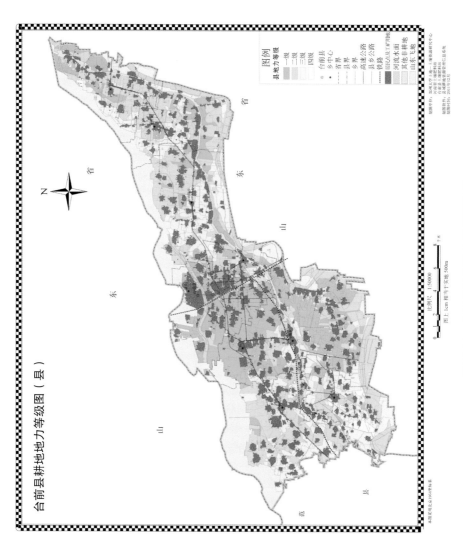

台前县耕地地力等级图（县）

附图 16 台前县县级地力等级评价图

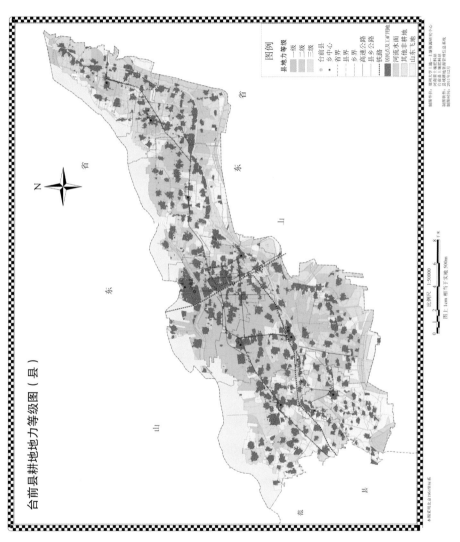

附图 17 台前县耕地地力等级图（县）

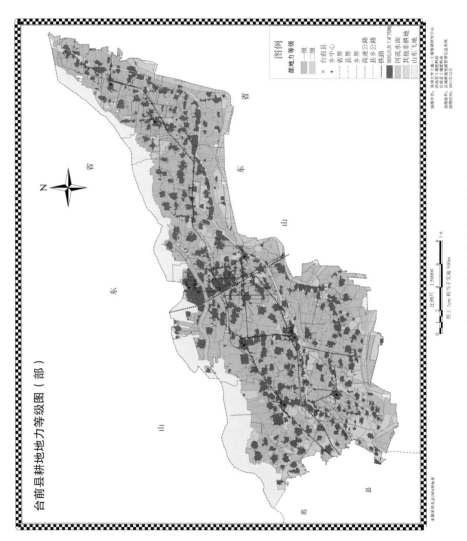

附图 18　台前县耕地地力等级图（部）